04

总第四期

REGISTERED ARCHITECT

深圳市注册建筑师协会

主　编　张一莉
副主编　赵嗣明　陈邦贤

U0302293

中国建筑工业出版社

目录
CONTENTS

建筑创作：2015 年首届深圳建筑创作奖部分获奖作品

注册建筑师论坛

建筑师绘画·摄影

《注册建筑师》编委风采

新特区，新地标
——喀什国际免税广场

潘永良 李锐

深圳市建筑设计研究总院有限公司

设计团队：栾天全 潘永良 梁文流 李锐 程浩 李世聪 蔡浩然

项目名称：喀什国际免税广场
项目地点：喀什市经济开发区
用地面积：159165.66m²
建筑面积：518032.16m²
建筑高度：249.10m
设计时间：2011~2013年
竣工时间：在建

喀什国际免税广场

一、项目背景

随着2010年5月中央新疆工作座谈会议的召开，为加快新疆发展，中央批准喀什设立经济特区。喀什提出将以"东有深圳、西有喀什"为目标，依托国家批准设立"中国-喀什经济特区"的特殊扶持政策，面向东亚、南亚、西亚广阔市场，加快超常规发展步伐，努力把喀什建设成为世界级的国际化大都市。这给喀什地区经济发展带来前所未有的机遇。基于这一前所未有的机遇，结合当地民族的文化特点，本工程力图打造西部经济特区的城市综合体地标性建筑——喀什国际免税广场，成为喀什面向世界的一张新名片。

喀什国际免税广场鸟瞰图

二、设计理念

　　为适应西部大开发战略，树立喀什在中亚南亚经济商圈的核心地位，力图打造西部经济特区的标志性建筑，在整个项目的设计之初，我们从喀什的文化特点和生态自然入手，寻求项目的切入点。

　　喀什素有"丝绸之路明珠"的美称，是东西方物质文化交流的荟萃点，东西方建筑风格在此得到了完美的融合升华。喀什，地处中国的西部边陲。它北倚天山，西枕帕米尔高原，南抵喀喇昆仑山脉，东临塔克拉玛干沙漠，拥有"六口通八国，一路连欧亚"的独特地理优势，蕴含丰富的自然资源。

　　设计理念来源于"丝绸之路"的历史积淀、大漠沙丘的自然形态以及天山雪莲花的傲

喀什国际免税广场

斗霜雪、顽强生长的特征。

两座主体塔楼在设计上以"天山雪莲花"为基调,对雪莲花不畏严寒,向四周和向上动态生长的形态加以提炼,在顶部形成合理的收分,并结合喀什当地建筑特有的元素——穹窿,对特定的造型加以提炼和抽象,设计三个向上逐渐收分的拱,其争相向上的趋势,象征喀什市勇攀高峰,不甘落后的精神状态和时代特征。商业楼的平面形态和顶部自然柔和、气势磅礴的弧形飘板融合了丝绸之路的意象及大漠沙丘的柔美形态。整个建筑外立面结合喀什市民族特色的装饰性小雕花,设计具有遮阳效果的菱形穿孔铝板,生动地诠释了建筑是对功能与形式的统一,在打破传统,突出时代气息的前提下又不失对历史地域文化的传承。

三、项目概况

工程所在的喀什经济开发区,是一个集文化、商业、金融、行政于一体的城市新区,项目南临深喀大道,东临城东大道,西侧和北侧为城市规划道路。区域条件优越,具备优越的形象展示作用。

整个项目由2栋58层的塔楼和1栋5层商业楼组成,为一个包含办公、酒店、商业和公寓等多功能的超高层综合体。

四、总平面布局

1.项目由2栋58层的塔楼和1栋5层商业楼组成,结合用地现状、市政道路以及朝向等综合因

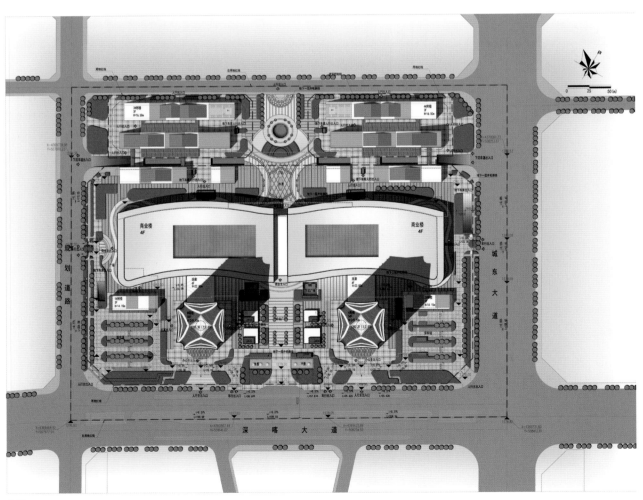

总图

素，将商业布置在用地北侧，靠近市政规划道路，2栋塔楼布置南侧，靠近深喀大道。

2.考虑喀什市经济开发区的发展趋势、当地的地质基础条件及结构基础埋深等要求，商业部分设计一层地下室、塔楼部分设计二层地下室。

3.建立理性有序的交通组织系统，路网设置简单高效。项目各分区明确，避免不同区域人员之间的干扰，合理解决了商业、办公和酒店的关系。

4.总体布局上，两栋塔楼形成两个"点"、大型商业形成"面"、交通环道形成"线"，创造点、线、面结合的多元空间结构；在满足功能布局合理的前提下，尽可能提供更多的休闲环境空间，留出大面积城市广场。削弱了高层塔楼对城市干道的压抑感，也为市民提供了良好的休憩场所。整体

喀什国际免税广场

喀什国际免税广场

布局上以点带面，商业部分采用象征设计手法，形似一本打开的书，而顶部收分的高耸塔楼更似书写或绘画用的笔，寓意抒写西部新的篇章。

五、建筑平面设计

1.塔楼平面呈正方形，四面均有良好的视线和景观。采用内筒外框的结构形式提供开敞的无柱大空间，便于灵活划分，为业主提供各种不同的选择。低、中、高分区的高速客梯为使用者提供最大的便捷。

2.商业平面结合当地市场的发展趋势，采用大与小、开敞与半开敞相结合的商业空间。尺度适宜的中庭使建筑内部空间更加丰富，让人流连忘返。力图打造一个汇集购物、休闲、游乐、餐饮于一体的梦幻购物天堂。

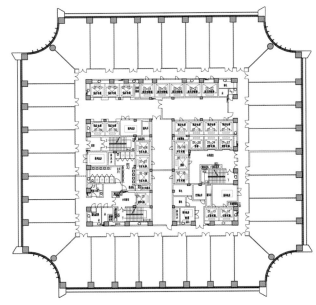

塔楼标准层平面图

喀什国际免税广场

一区鸟瞰

创新企业的孵化器，高品质绿色产业园区
——深圳湾科技生态园一区

罗韶坚　魏来
深圳市建筑设计研究总院有限公司
设计团队：总院创作中心，总院第一设计院

人视图一

　　随着我国经济发展进入新常态，加快实施创新驱动发展战略成为主流，作为深圳创新企业平台和孵化器的产业园区迎来了一个新发展时期。

　　回顾产业园区的发展历史，从零散自发形成的厂房模式，到统一规划、园区化、智能化、信息化的工业园区，再到现在工作、生活、休闲、街区一体化的园区，园区模式在不断更新。

深圳湾科技生态园是由垂直城市、绿色建筑打造的第三代产业园，是集生产、生活、生态三位于一体的新一代园区。总建筑规模约180万m²，其中70%为产业用房，吸引了高科技企业总部、战略性新兴产业研发基地入驻，30%为园区配套，包括综合办公、商业、酒店和公寓等功能，改变了传统产业园区只有生产没有生活的钟摆式布局。

内庭院透视

内庭

在规划设计上，以立体分层的城市设计新模式，以共生、共享、共赢、共存的指导思想实现宝地宝用，构建绿色生态的第三代科技园。本地块容积率高达6.0，创造性地以城市层、社区层、企业层三重公共、半公共界面组织交通和空间，创造空间立体、功能复合、人性化、生态化的城市空间。

以投融资、开发建设、运营管理一体化的生态模式，提供孵化、创投、融资担保到上市辅导的IPO资本运作全过程金融服务。引入和扶持国家级实验室、公共技术平台、行政服务、企业管理、人才交流、物流咨询和中介等服务机构，为区内企业提供全方位的系统服务。铸就园区全生命周期效益最大化，有速度更有质量。

人视图二

整体鸟瞰

　　四大绿色技术板块和十八大绿色技术系统全方位保障园区的低消耗、低排放、高性能、高舒适，点绿成金，创造效益。作为国家级低碳生态示范园区，该项目将实现绿色建筑全覆盖。在建筑的全寿命周期内，最大限度节约资源，降低企业运营成本，从而提高社会和环境效益；营造宜人的园区环境，从而提升人的生命效率。

绿墙

采光井与导光孔

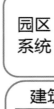
园区系统

高效园区
混合规划

滋润园区
水资源系统

节能园区
能源系统

清凉园区
物理环境

循环园区
垃圾管理

建筑本体

生态表皮

呼吸空间

低耗结构

高效设备

低消耗
低排放
高性能
高舒适

四大绿色技术板块，十八大绿色技术系统

建造运营

工业化建造　5维施工管理

绿色化运营　体验式展示

室内环境

舒适环境
温湿控制

宁静环境
噪声控制

健康环境
污染控制

多彩环境
采光照明

便捷环境
智能系统

绿色设计图片

通过垂直城市设计，利用标高9.3m的网络花园和标高45m的屋顶花园，将商业、研发、总部等不同功能复合起来，并在容积率高达6.0的地块上，提供10万m^{2}以上的空中花园，让人可以在花园中办公，随时享受清风、细水、碧野、柔光。园区提供大量配套服务空间和设施，为入驻企业提供公共信息平台、全过程金融服务平台、公共技术平台、行政服务中心、人才交流中心、会议展示平台等，使企业在这里能更快速地发展壮大。

人视图三

多层地表

万科东莞热带雨林馆 BIM 应用体验

李静怡　薛思娜　王军
奥意建筑工程设计有限公司

方案团队：英国　JMP
项目负责人：孙明　顾德
设计团队：顾德　王军　秦晶　刘德道　周晓夏　周登登
BIM团队：李向东　李静怡　薛思娜　祝晶静　张文轩

一、项目概况

　　万科东莞热带雨林馆（图1）位于东莞松山湖科技产业园万科建筑研究中心内，基地内的建筑如万科零碳中心、PC构件实验室、住宅设备检测塔都是万科具有开创性的实验性建筑。本项目作为万科植物景观地产前期探索的一个试点项目，带有很强的实验性，因此，本项目的设计也必然不拘一格，鼓励创新。

　　本项目用地呈三角形，总用地面积为8114.22m²，总建筑面积3213.04m²，计容积率建筑面积2824.14m²，建筑高度23.10m。建成后主要用于热带植物的种植和栽培，建筑包括地下一层（设备房）、地上一层（植物园）。

二、设计理念

　　本项目所在地东莞地处亚热带季风气候区，园区种植的植物为热带植物，需要通过设计去创造一个具有适宜热带植物生长所需的温度、湿度，以及太阳辐射照度的环境。设计以一个椭圆形的壳体作

图1　万科东莞热带雨林馆效果图

为起点，结合地形对形状进行了调整，中间的凹口不仅退让了主入口空间，也使得原本单调的立面富于变化。网壳以一种自然的态度和地面相接并顺延到地面，地面与建筑的边界被弱化，削弱了建筑的巨大体量对场地的压迫感，地面的向上延伸也把巨大的壳体拉回到了地面，弱化了巨大尺度给人带来的疏远感；整个壳体以横竖相交的钢网架进行自然分割，形成井字架和ETFE膜填充的立面肌理；设计从建筑形体到景观都以自然的曲线为基本元素，试图营造一个自然又具有动感的雨林馆。

三、工程特点与难点

1.异形结构

本项目为单层网壳结构，其中上半部分为大跨度三维双曲面单层钢结构网壳体结构，总体尺寸84.68m×44.4m×20m，造型复杂；下半部分采用了沿项目外轮廓的环形钢筋混凝土结构以抵抗不均匀沉降及上半部分钢架环梁传递的支座推力，各结构构件随着结构标高的变化而变化。建筑内部功能要求极高，水、暖、电、景观等多专业在建筑中的应用均有特殊要求，结构专业需要协调考虑各方条件（图2）。

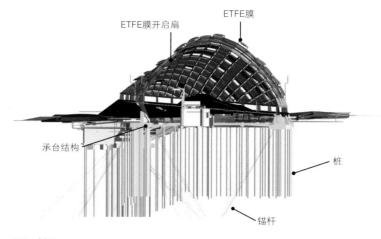

图2 剖面

2.场地地势起伏变化大，建筑结构复杂，机电配合困难

为体现自然环境，更符合热带雨林的自然景观，园区内外布置了山体、水体以及各种植被，丰富立体景观的同时也导致园区内部地形起伏变化大。园区内、外机电管线大部分埋设于地下，需根据地势的起伏变化进行布置，除此之外还要考虑场地地基土质较差、地下结构承重、土壤沉降等问题。地下可用空间狭小，机电各专业间配合协调困难（图3）。

四、BIM应用

基于本项目的工程特点与难点，为让项目顺利实施，业主要求施工图设计阶段采用BIM技术进行全专业设计工作，并需将模型顺利传导到施工总包、业主。

项目伊始，奥意建筑项目团队与业主、施工总包一起制定了BIM统一技术标准及建模精度标准。标准有效地规范BIM模型的内容、深度、建模方法，明确了项目技术要求、成果标准，便于项目的整体管控。另外本项目参与配合的单位也比较多，奥意建筑作为初设及施工图阶段的主导方，有效利用BIM新技术协助业主统筹项目的顺利推进。

1.网壳部分

本项目造型具有一定的不规则性，且跨度大，对网壳结构要求较高，由于是双曲面，其结构有扭转，这样每一根杆件、每个节点都不一样。奥意BIM设计团队针对方案阶段的网壳空间模型进行量化处理，用Revit建立出最初的空间线条模型以进行结构计算，钢构加工及安装单位根据计算结果进行构件的深化加工安装设计，并反提给奥意网壳钢架杆件的截面尺寸，奥意再根据反提的条件利用自适应

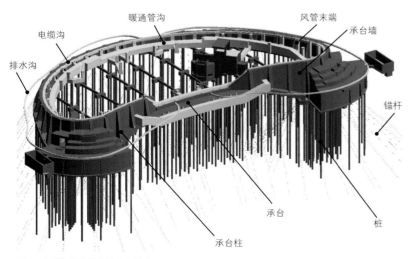

图3 高低起伏的承台结构与管沟

构件调整设计模型，并采用ANSYS有限元分析软件对典型的钢节点进行分析，根据有限元分析的结果得出所需最终的连接节点，最终形成经过深化设计的网架BIM模型（图4）。

2.细节设计

因场地布置、承重台、承重墙、环梁、各类管沟需顺应复杂空间限制，建筑结构专业的设计非常复杂，所有构件均是异形，且没有可以重复利用的族构件。同时受制于项目标准要求，不允许用体量建异形模，更是困难重重。正是如此，就更能体现出BIM设计的价值。通过设计出的BIM模型可以非常清晰地表达设计的细节部分。

机电专业设计亦是如此，管线需要沿着各类异形体进行设计排布，错综复杂，需要清晰地表达出各类管线的关系是本专业在BIM中的难点。例如：

难点一：地势不平，且空间有限，结构承重等问题的限制。园区内地下冬夏两季风管顺应紧张的空间排布，时而水平并排，时而转变为竖向垂直；且根据需求设置多个不同形状、不同高度的末端风口（图5、图6）。

难点二：在不规则的网架钢通上布置电气管线，需顺应网架的走向。在传统二维图纸中只需在平面上表达清楚管线关系，在施工中就可根据现场实际情况布置。而在BIM模型搭建过程中，各类管线要准确定位每一个高程点，其在网架中的走向及逻辑关系需要理清（图7）。

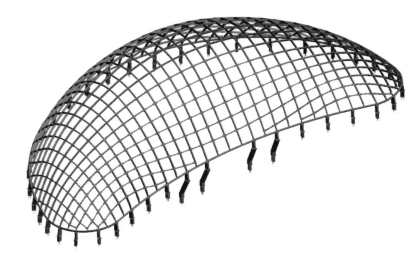

图4　网架模型

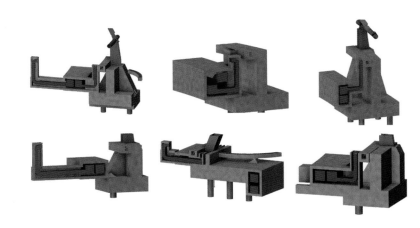

图5　复杂的风管排布

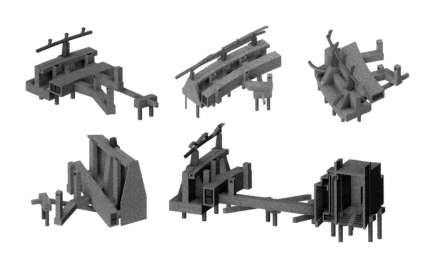

图6　多变的风管末端

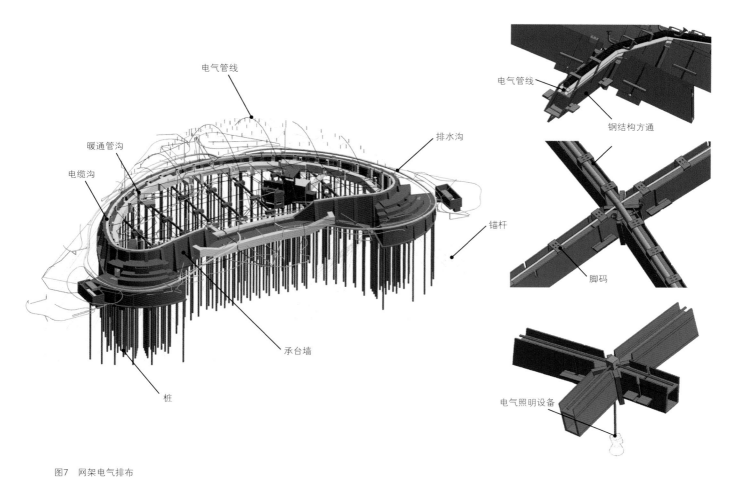

图7 网架电气排布

电气管线
暖通管沟
电缆沟
排水沟
锚杆
承台墙
桩

电气管线
钢结构方通
脚码
电气照明设备

3.BIM算量及施工管理平台

为了方便后期快速地统计出工程算量及后续BIM模型深化设计、BIM施工管理系统应用，本项目全专业严格按照统一技术措施及建模精度的要求进行BIM设计，除了各专业在搭建模型时及时输入每个构件的信息，还额外增加了施工管理技术参数，土建部分也按照一定的算量扣减原则扣除重叠部分，以避免同类模型构件重叠带来的工程算量上的偏差。本项目设计阶段的BIM模型涵盖了标准中要求的设计阶段所需要的信息，后期施工方只需直接将BIM模型深化设计，并导入BIM施工管理平台中即可进行5D施工管理。

五、总结

万科东莞热带雨林馆的BIM实践及研究，虽然困难重重，但奥意设计团队克服困难、齐心协力，最终给业主交上了一份满意的答卷，也正是通过这个项目，我们在BIM标准实施、施工深入应用等方面有了更深层次的理解。实践证明，只要项目各参与方严格按照标准切实执行，通过BIM这个统一的信息平台，就可以有效地明确项目各方工作界面、技术要求及成果要求，实现BIM信息的交流和共享，确保各专业设计工作的良好展开，保证各专业、设计单位、施工单位之间紧密的联系和条件反馈。在后续现场实施过程中，我们期待着项目按照项目标准设想那样达到BIM设计、施工、运维一体化。

可持续的绿色体育建筑设计实践
——深圳市罗湖区体育中心室内网球馆

孙逊　黄志成　黄炜城
奥意建筑工程设计有限公司

项目负责人：孙逊
建筑设计：黄志成　徐海　洪屿　刘皓翔
　　　　　陈孝勇　李凡
绿建设计：陈晓然　黄炜城　韦久跃

主要经济技术指标：
建设用地面积：5880.79m²
总建筑面积：20226.94m²
建筑容积率：1.8
建筑层数：地上3层/地下2层
建筑高度：39.85m

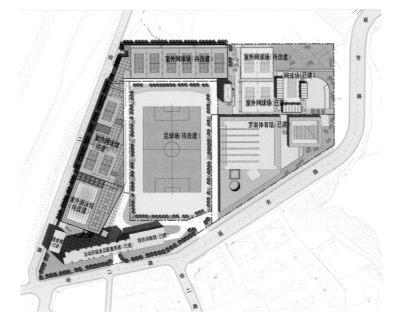

图1　罗湖网球馆总平面图

一、可持续绿色体育建筑设计的发展

近年来，体育建筑和绿色建筑相结合逐步成为体育建筑发展的新趋势。与绿色体育建筑的发展趋势相对应，设计师应当从和谐观、生态观和发展观的角度来进行绿色体育建筑设计。

绿色体育建筑设计之和谐观，就是体育建筑的设计必须做到与周边自然环境、城市环境、人文环境协调，而不是一味孤立地去标新立异。

绿色体育建筑设计之生态观，就是要从体育建筑的节地、节能、节水、节材方面出发来进行设计，保护环境，充分利用自然资源。

绿色体育建筑设计之发展观，就是要对体育建筑的全生命周期进行考虑，考虑后期发展的可持续性、用途的多样性，更好地符合民众体育文化运动的需求。

二、可持续绿色体育建筑设计的实践

罗湖区体育中心室内网球馆位于罗湖体育中心内，北靠深圳水库和梧桐山风景区，西望东湖公园，项目为政府出资，为解决罗湖区体育爱好者日益增长的需求与运动场地严重不足的矛盾，以及解决为国家培养竞技体育后备人才缺少训练场地等问题而建设的区级专业体育馆。项目地面3层，地下2层，需满足8片标准室内网球场、击剑馆及相应的停车需求（图1、图2）。

不同于市一级的大型体育场馆，罗湖区体育中心室内网球馆的主要作用在于满足居民日常的体育活动及专业培训，兼顾部分体育赛事。其场馆建设以集约与高效为前提，考虑到大众体育活动的经济承受能力，场馆的运营应具有良好的经济性；考虑到大众体育活动多样化的特点，场馆的设计应同时满足专业性与灵活性。因此，从这个角度上说，可

图2 鸟瞰图

持续绿色体育建筑正好契合了以上需求。而从和谐观、生态观、发展观出发打造一个可持续、整体、生态、多元、开放的区级体育场馆则成为本项目设计的主要目标。

（一）罗湖区网球馆绿色设计之和谐观

1.对场所的整合

体育中心园区内的各个建筑及运动场地经由各个时期陆续建设而成，形态风貌各异，空间整体感较弱。设计以新场馆的建设为契机，整合零散空间，对场地内的多个建筑进行一体化设计，用一个连续的建筑体来塑造场地内的空间秩序，将场所统领到以体育馆和网球馆为核心的两个大平台的空间体系内，形成一个和谐的场所系统（图3）。

2.对交通的整合

体育中心内原有的交通人车混行。设计以新建网球馆为连接体，整合一层交通系统，把后续改建的游泳馆、网球馆并入规划，形成一个有序的交通序列；整合二层步行系统，与原体育馆的二层步行平台连成一体，为周边居民提供休闲散步的良好场所（图4）。

3.对景观的整合

体育中心原本有着良好的外部景观条件，但是由于缺乏有效的景观规划，景观的利用与营造不够理想。设计中，通过建筑多个层面的架空处理，打通了体育中心与西部公园的视觉通廊，将东湖公园的景色引入体育公园内部；同时，利用建筑的底层架空空间及立体平台空间，营造园内多层次的绿化景观，与园外景观互相因借，形成一个和谐统一的整体景观系统（图5）。

4.对立面的整合

考虑到罗湖体育中心还处于一个更新发展的过程中，北面网球场和南面游泳馆在土地集约使用的要求下将进行加建。在网球馆的立面处理上，设

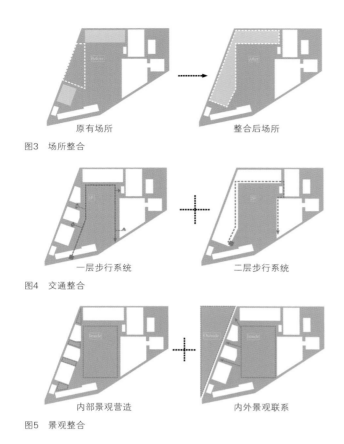

图3 场所整合

图4 交通整合

图5 景观整合

计格外重视已有和将有建筑的文脉延续，以避免场地内的建筑各自为政、风貌杂存。设计从已建成的体育馆中提取出立面要素，通过大尺度的悬挑、丰富的灰空间等相似的处理手法与已有的体育馆建筑形成呼应；通过屋顶的装饰围网与周边的室外网球

馆取得统一，同时也为体育中心内各场馆的后续加建、改建立面设计提供了指引（图6）。

（二）罗湖区网球馆绿色设计之生态观

1.生态空间

设计从建筑的空间布局阶段就开始引入生态设计的手段。针对场地内用地紧张，网球馆加建后，园内空间闭塞，风场较弱，易产生涡流，不利于场地内通风的情况，设计中利用软件风环境模拟对建筑空间进行优化设计，通过在建筑一二层合理的位置进行架空处理，使场地通风效果显著改善；通过对建筑的体形及功能布局进行优化，有效地把室外风引入室内场地，形成穿堂风效果（图7、图8）。设计还利用场地的竖向高差，将地下室一层西侧设置成半地下室，并设置部分外窗，解决了地下车库自然采光需求。

2.生态表皮

建筑的立面表皮处理也不是一味单纯的以美学为导向，而是结合生态的策略，追求生态与美学的统一。设计时同样借助软件模拟，对建筑室内的通风潜力以及采光条件进行多方案的对比，模拟东西窗、南北窗、全开窗、高带窗、锯齿形窗等多种开窗形式的通风采光效果（图9），以此作为设计参考，结合建

图6 东侧透视图

图7 室外风环境模拟

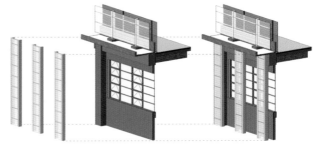

图10 复合外墙体系

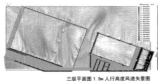 

图8 室内风环境模拟

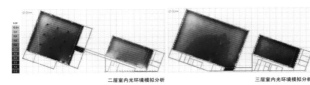

图9 室内光环境模拟

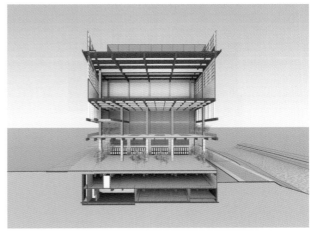

图11 剖面示意

筑的功能需求与立面美观等要素，合理设计开窗高度及开窗方式，最终采取了以东西向高窗加铝合金穿孔板遮阳结合的表皮形式（图10），既符合网球场防雨、防眩光、耐冲击的功能要求，也取得了室内良好的通风与采光环境，同时也实现了不错的立面效果，达到了功能、美学、生态的统一。

3.生态技术

项目设计综合运用太阳能热水系统、雨水收集与利用、高效照明、智能化管理、BIM模型设计等技术措施，提升项目设计质量，缩短工期，降低能耗，提高建筑工程经济效益、环境效益。根据建筑条件，建筑中20%的生活热水由太阳能热水系统提供，大大节约建筑能耗。根据体育中心的场地排水条件，收集场地雨水，经过处理后用于绿化浇灌和地下车库冲洗，节约市政水源。

（三）罗湖区网球馆绿色设计之发展观

1.内部空间灵活多变

考虑到建筑全生命周期内功能可能的变化，为了增加资源最大化利用，设计提供了建筑内部空间灵活转换的多种可能。建筑主体场馆内部为钢筋混凝土组合梁结构，建筑层高10~14m，无柱大空间的设计（图11）可转换成带观众席的比赛场地、篮球场地、乒乓球场地、击剑场地、羽毛球场地等多种功能；首层架空层内全开式的伸缩门设计为首层空间转变为开放集会与展示空间提供了可能；屋顶花园为各种文体沙龙活动提供了良好的场所。

2.建设分期独立统一

设计并没有局限于一个单体的考虑，从概念阶段开始设计就将整个体育中心未来的发展纳入考虑的范围内。方案设想了连续的大平台来统领未来可

图12 透视图

能建设的室内游泳馆、二层室外网球场，设想了统一的交通体系、延续的立面要素来保证后续的建设在一个系统的框架内（图12、图13）。

三、可持续绿色体育建筑设计的经验

目前很多建筑项目绿色建筑设计都是在建筑设计已经定型之后开始介入，这样使得绿色建筑设计只注重获得绿色标识的结果而不是注重绿色建筑设计的过程。

罗湖体育中心室内网球馆按国家绿色建筑设计标识二星级进行设计。在建筑工程造价并不宽裕的情况下，绿色建筑设计在投标、方案深化阶段一直同建筑设计紧密配合，多方案比选；绿色建筑设计在施工图设计阶段同建筑、结构、机电、园林、内装、外装各专业多方沟通，在保证不降低绿色建筑设计标准的前提下努力降低绿色建筑设计成本；BIM设计贯穿始终，从方案阶段的设计可视化，到施工图阶段的碰撞检测，再到施工阶段的施工管理，为绿色建筑实现提供了必要的技术支撑。这些绿色建筑设计的方法令本项目从建筑设计过程开始就紧扣绿色，以实现本项目良好的社会、经济和环境效益为设计目标，是可持续性绿色体育建筑颇有意义的一次设计实践。

图13 透视图

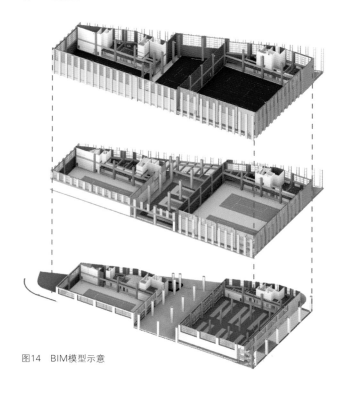

图14 BIM模型示意

中国广东省珠海蓝琴·莲城印

何显毅　俞东昊　于克华

何设计建筑设计事务所（深圳）有限公司

主创设计师：何显毅

设计团队：俞东昊　于克华　廖涛　张家桥　李先甲　邓海卫　陈迎秋

莲城印位于珠海横琴新区口岸服务区，距离横琴口岸仅250m。占地面积1.3万m²，总建筑面积约12.76万m²，地下4.08万m²，地上建筑面积8.68万m²，其中商业1.6万m²，办公6.85万m²，其他公共空间0.23万m²，容积率6.5。

设计理念与特点

·系统化设计——口岸服务区内，本项目和待建的"洲际航运中心"、"华融横琴大厦"、"美丽之冠梧桐树大厦"与"珠海横琴总部大厦"构成"一大四小"的格局，北侧四个项目都面临着商业规模小，相邻地块功能构成类似，以及运营初期如何集聚人气的考验，因此，本规划主张在城市设计的层面对五个地块进行系统化规划设计。通过共享生态庭院、空中连廊、地下通道的衔接，将本项目与周边建筑融合成为一个优势互补、人流共享，有统一形象的大型城市综合体，从而节约开发成本、减少同质竞争、提高运营效益，达到"互利共赢"的局面。

·集成化设计——针对多功能集聚的项目特点，认真梳理办公、商业之间的关系，从平面组织、空间构成及交通组织等方面强化不同功能之间的兼容性与互补性，以提高空间使用与运营管理的效率，形成集约高效的城市综合体。

·人性化设计——将办公功能与商业空间有机结合，并通过24小时通廊与周边地块连接，形成"晴天不打伞，雨天不湿鞋"的购物休闲环境，塑造经济高效，文化生态，社会安乐的空间格局，强调城市亲和力。

项目现已完成设计工作，进入施工阶段，目前地下室已完成，地上施工至二十八层。

鸟瞰图

人视效果图

上海十七号线朱家角站综合体

徐芸霞　李玉倩　孙健

何设计建筑设计事务所（深圳）有限公司

　　朱家角位于上海西郊淀山湖畔，桥多、弄多、角多，有着无限的水乡文化气息，有"上海的威尼斯"之美誉。

　　轨道交通17号线朱家角站位于青浦区西部休闲度假服务区，总用地面积3.5万m²，总建筑面积约4.2万m²。整体规划为轨道交通上盖综合体及交通转换枢纽。

　　建筑包含轨道交通、公交、长途客运、旅游集散中心、商业等多种功能。如何将各种功能进行合理的组织，如何达成便捷合理、互不干扰的人车流线并实现商业机会最大化，如何将古镇历史文化沉淀与现代化快速交通相融合，是设计的重点与难点。

　　设计充分利用轨道交通带来的优势，确定立体多层次交通换乘的设计理念，重视公共景观开放空间的打造。规划遵循江南水乡建筑群特色，将大型综合体建筑按功能拆分成为小体量组合建筑，打造特色花园式站点，以水景内庭院为空间中心，以人流量最大的轨道交通车站为功能主核，与朱家角车站、长途客运站、公交始发站及旅游集散中心等建筑体组合成水乡院落。内庭花园串联长途客运广场、轨道交通广场、水景广场等主要城市节点，通过大小院落的转换突出水乡特色，使得所有换乘路线围绕水景庭院，便捷顺畅，景色优美，且带旺商机。

　　建筑风格是对水乡建筑特点的提炼与升华，以大块的白墙、木格栅、深色的坡顶，形成强烈的视觉冲击，凸显粉墙黛瓦的水乡韵味，以现代化的形体、新型轻盈的建筑材料，来体现现代化交通枢纽速度、效率、时尚的特点。古今交融，在古朴的江南古镇水乡中，形成一道独特的风景线。

人视效果图

鸟瞰图 1

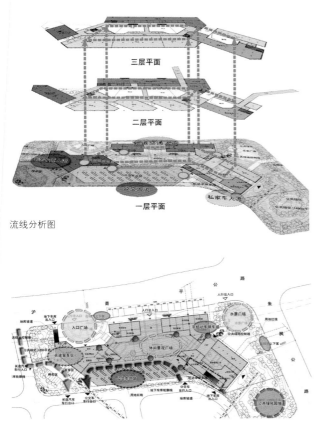

流线分析图

功能分析图

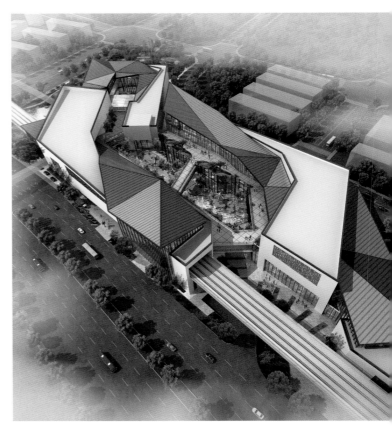

鸟瞰图 2

上海市黄浦区老城厢露香园项目一期工程

徐芸霞　卢亚中　崔文涛

何设计建筑设计事务所（深圳）有限公司

本项目位于上海市中心老城厢历史文化风貌保护区内，距离人民广场1.14km；用地范围东至旧仓街，西至青莲街，南至大境路，北至人民路，共分为3个地块，项目包括高层住宅、酒店公寓及商业，限高100m。总用地面积2.1万m²，总建筑面积14.4万m²，其中地上10.1万m²，地下4.3万m²；容积率4.72。

规划设计遵循上海市老城厢风貌特征，保留城市街巷尺度空间，还老城厢的肌理文脉；在城市高容积率、高密度的定位下，提升居住品质，打造具有生态花园的空中第二地平线。

总平面设计

在总体布局上，以一条空中景观轴联系三区，"三区"即一个以人文为主题的人文社区，两个以居住为主题的精品居住社区。

人文社区位于项目的北侧，既是老城厢的"源"，保留明代城墙形成"城墙历史公园"，又是整个项目的起点，在此打造精品公寓式酒店及会所，服务整个社区；精品居住社区为位于项目南侧的两个高层组团，由精品城市豪宅及时尚创意街坊组成，通过创造独特的怀旧空间，空中花园，泛会所理念，为繁华都市再现了"上海风情"的花园居所。

总平面图

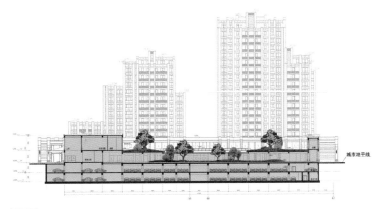

剖面图

27

全景鸟瞰

第二地平线

　　本案通过第二地平线的创造，将空间层次巧妙划分为高区与低区，高区布置住宅及附属用房，低区布置住宅半室外大堂、配套公建及少量沿街商业等向社会开放的功能，两者之间以安静内向的平台大花园做分隔。花园架空层布置空中泛会所，设置健身、娱乐、邻里多功能厅、儿童活动场所、阅览室、会客区等多功能服务共享空间。

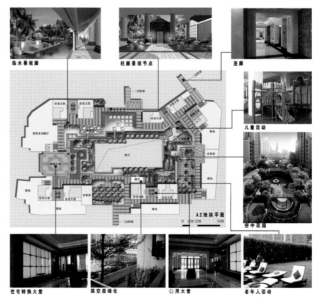

空中泛会所

交通设计

小区的人行主入口与车行入口分别设置于小区的东西两条道路上，业主经过东侧底层入口大堂与二层空中泛会所的双层洗礼进入私家大堂。私家车则由西侧入口进入首层架空层，如宾馆大堂式二层挑空空间，实现人车分流。

住宅设计

精品居住社区180～500m² 平层及复式单元设计，满足各阶层的需求；平台叠落洋房，实现城市中的空中院墅；经典大宅等均实现有细腻的厅堂空间、主卧空间及管家式服务空间。

立面风格

立面采用ART DCEO风格，再现了海派文化的尊贵与大气。沿露香园路的立面，通过提取风貌街巷的细部符号，再现老上海石库门的影像片段。

交通路线

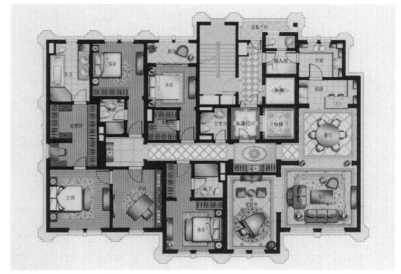

户型平面

效果图

现场照片

珠三角区域深圳段绿道建筑设计

深圳市北林苑景观及建筑规划设计院有限公司

主创设计师：章锡龙　胡炜　梅杨
设计团队：章锡龙　胡炜　梅杨　夏媛　何昉
设计时间：2010年
施工时间：2011年7月30日（建成时间）
工程地点：广东省深圳市
图片摄影：北林苑

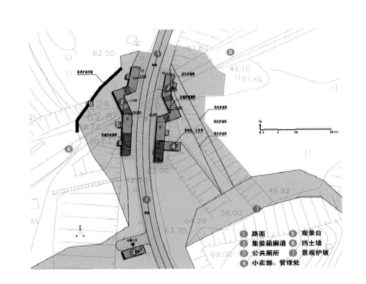

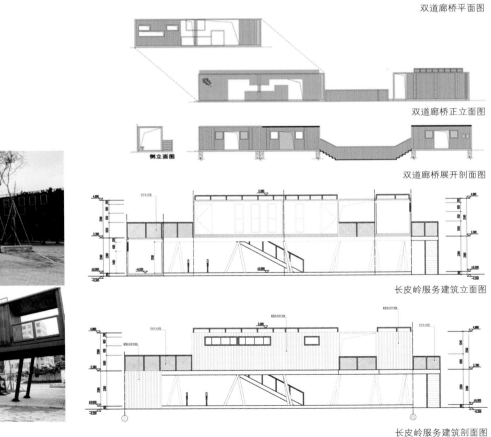

双道廊桥平面图

双道廊桥正立面图

侧立面图

双道廊桥展开剖面图

长皮岭服务建筑立面图

长皮岭服务建筑剖面图

长岭皮服务建筑实景照片

工程概况

珠三角区城绿道连接珠江三角各城市，对区域生态环境保护和生态支撑系统建设具有重大意义，有六条区域绿道构成，总长1420km。串联约85个重要节点，包括10个省立公园。可服务人口约2629万人，占珠三角总人口约55.7％。经过深圳市的区域绿道有两条，包括2号区域绿道和5号区域绿道。

二号线3个一级驿站，2个二级驿站，共计面积约240m²；

五号线3个一级驿站，7个二级驿站，共计面积390m²。

共计面积约630m²。

实践创新

2号特区段以深圳原有的边防巡逻道为依托，通过服务设施、标识系统的完善以及绿化的提升，从封闭到不断开放的过程，以及内地和香港关系的变化；南北向的大运支线全线长约30.7km，规划设计突出大运文化、艺术气质、山水果香三大特色，全线设有服务6处，新增兴趣点7处，很好地将生态景观资源与城市联系起来，使人们在运动的同时触摸大自然，在现代生活的闲暇时光，体会健康的、绿色的幸福生活。

5号线绿道选线全长约68.7km，共经过了光明新区、宝安区、龙岗区和罗湖区四个行政辖区，其选线多数位于深圳市生态控制线范围内。对城市内宝贵的绿色环境资源起到了很好的串联和保护作用。全线规划了服务点（3个一级、7个二级）、兴趣点（新规划27个），规划注重在现有与保护的基础上对现有空间进行景观上的挖掘与提升，真正做到了人与自然的和谐共存。

绿道中所有的服务点建筑均是利用废弃的集装箱拼接组合而成，形成独具特色的绿道驿站。

一、建筑分析

（一）双道廊桥兴趣点

该兴趣点位于南山区长源村附近坪坝铁路与绿道的交叉处，视野开阔，规划为沿线最重要的兴趣点之一，意在强调绿道建设与铁路是同等重要，取名为"双道廊桥"。

该方案利用废弃集装箱的拼装与拆分，形成疏密有间、虚实结合的廊道空间，同时尽可能地采用生态环保材料，就地取材，宣传生态、低碳的环保理念。该点主要有观景平台、公共厕所、小卖部、治安亭、医务室功能。

（二）服务点建筑

绿道中所有的服务点建筑全部利用废弃的集装箱拼接组合而成，形成独具特色的绿道驿站，具有施工快捷简便、造价便宜，易于组装和搬迁的特点。

建筑设计结合周边自然环境及各区段风格，组装灵活多变。如2号线特区段的迷彩风格，体现了该段绿道曾经拥有的军事色彩；大运支线则与大运会标示色彩系统衔接，凸显青春活力。

大运驿站手绘效果图

建设的标识系统

（1）绿道服务点利用废旧集装箱建设的建筑及其上安装的太阳能蓄电设施。（光明区）

（2）绿道利用轮胎、枕木等建设的标识系统。（梅林山）

大运驿站建成照片

大运驿站标志实景图

利用废弃自行车轮胎做的标识

大运支线集装箱建筑（一）实景图

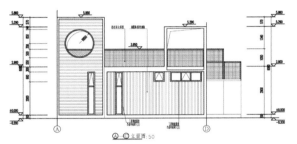

大运支线集装箱建筑（一）立面图

大运支线集装箱建筑（二）实景图

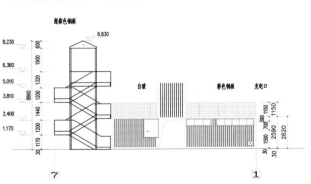
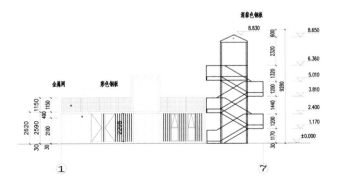

大运支线集装箱建筑（二）立面图

再生能源路灯照明实景图（一）（双道廊桥）

再生能源路灯照明实景图（二）（双道廊桥）

二、生态设计理念

绿道中标识牌利用废弃的火车枕木改装而成，粗犷野趣；而一些防火警示利用废弃的自行车轮胎改装而成，趣味横生。再加上沿线自然演替的植被群落，整个绿道充分展现了后工业社会城市绿色基础设施的人文关怀以及低碳节约的理念。

绿道服务建筑均采用太阳能板来满足日常的照明需要，山上的路灯均采用风光互补的可再生能源路灯，在充满电的情况下，可保证阴雨天7天之内的照明需求。

梅林坳驿站位于第二看守所附近，采用废弃的集装箱拼装组合而成，集小卖部、医疗求助、公共厕所、治安亭、观景台等多功能于一体。

再生能源路灯照明实景图（三）（双道廊桥）

再生能源路灯照明实景图（四）（双道廊桥）

再生能源路灯照明实景图（五）（双道廊桥）

废弃的集装箱做的自行车驿站实景图

深圳东城中心花园

林彬海

深圳市清华苑建筑设计有限公司

主创设计师：林彬海

设计团队：黄运强　邓波　徐明

设计时间：2010年8月～2012年2月

建成时间：2014年10月

工程地点：深圳市龙岗区龙岗大道

图片摄影师：陶向阳

主要经济技术指标

建设用地面积：28690m²

总建筑面积：190393m²

其中：

住宅建筑面积：77647m²

商业建筑面积：36648m²

幼儿园建筑面积：3800m²

社区配套用房面积：2610m²

地下建筑面积：54312m²

核增建筑面积：15376m²

容积率：4.2

建筑密度：55%

建筑层数：塔楼30层，裙房局部5层，
　　　　　地下3层

建筑高度：99m

项目概况

  东城中心花园位于深圳市龙岗区横岗街道，南临深惠路，为横岗128工业区旧改项目的一期工程，楼盘名为"麟恒中心广场"。项目总用地28690m²，计容面积120704m²，总建筑面积198504m²，地下3层车库，商业裙房3～5层，部分包含3层架空车库，裙房顶为架空花园，住宅塔楼4座，商业有沃尔玛、保利影城、餐饮、购物休闲一体化的城市综合体，与之相连的二期工程正在施工中，地块东北部有独立占地的12班幼儿园一座。

设计理念

　　本设计立足于将整个横岗128工业区旧改作为一个整体规划，东城中心花园作为一期工程与二、三、四期有机的联系。为了打破传统围合式小区规划，本案把住宅、商业、广场三大体系重新有机整合，创造一个全新的、与城市共生的生活小区、商业中心及休闲娱乐生态小区，与城市互相促进、和谐的生活小区，力求打造出横岗新中心。

突破与创新

突破一

　　设计中突破用地退线的传统思路，在保留一期、二期地块间市政道路畅通和管线排布满足的前提下，将一期、二期的2～5层间逐级错落的平台相连接，及地下一层的车库相连接，使之浑然一体，沿深惠路600m商业界面气势宏大，该大胆构思已获市规划局批准实施。

突破二

　　打破城市干道绿化带与建筑用地之间的生硬分隔，建筑核心部位主动退让25m与25m宽的城市绿化带统一形成商业广场，一、二期完成后将形成一个50m×400m的大型景观化广场空间。

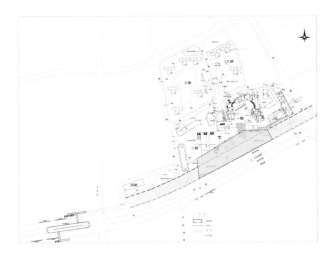

创新一："商业街区"概念

本项目与城市有三大联系：与地铁接驳，很好地引入地铁人流，对商业极其有利；与各期开发地块之间的衔接，起到重要的枢纽作用，使各期小区之间畅通无阻；与周边区域的连接，为周边区域居民的出行提供便利，打造立体化"商业街区"。以一、二期集中商业为龙头，以热闹的、具有充沛人气的商业综合体带动宇华街两侧延伸至三期的沿街风情餐饮街及四期的集中商业，在商业形态上形成联动，在交通组织上形成联动，通过天桥、连廊、平台连成整体。而骑楼这一南方地区特有的一种元素，一种半室内外空间，既串联了地铁、广场及各小区，同时也很好地为

市民解决了日晒雨淋的实际问题，不仅活跃了城市的空间，也丰富了市民的生活，还能很好地体现横岗特有的文化和悠久的历史。

创新二：立体花园的形成

本项目一二期在25m城市绿化带基础上，南向主动退用地红线25m，形成了进深50m，面宽400多米的超大地面广场；为了能给市民提供更好的生活便利和优质环境，采用了立体化广场，在不同的高度疏通人流同时，可以享受到不同的优质景观，而且本案所提供的不仅仅限于地面，还有一层广场、二层平台直到第五层的架空花园，实实在在给市

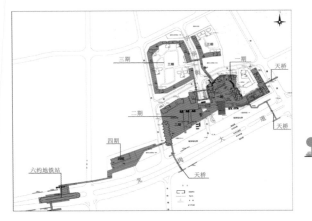

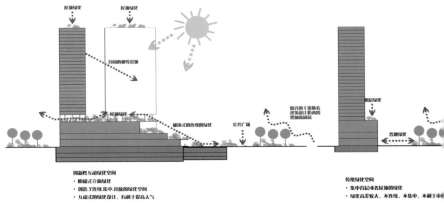

民提供一个多层次的立体花园，而且全天候开放；市民在享受景观同时，也能给本案的商业带来相当人气，活跃小区的商业气氛，达到与市民、与城市共赢的局面。

创新三：建筑内部空间的创新

1.从地面上到裙房3~5层车库的坡道，需要两个出口，设计中将两个坡道叠加（净高差2.3m），在首层和顶层分开口部设置，形成独特的做法，用一个转盘的空间解决了两个坡道的通行要求。

2.尝试在商业裙房中设置多座剪刀楼梯以满足商业人流疏散的消防宽度要求，由于商业层高各层不一，剪刀楼梯的设置与出入口的衔接较为复杂，结构处理上有一定难度，但通过精心设计都得以解决，最重要的是压缩交通体占用的投影面积，节约了昂贵的商业空间，增加了实用率，进而提高商业价值。

3.严格控制车库层高，通过宽扁梁的处理及与通风、消防喷淋的管线综合错位处理，在满足规范的前提下使地下车库最低处的层高3.1m，架空车库层高3m（负一层车库考虑将来安装机械停车设备的可能性，因此层高较高）。

创新四：建筑立面的创新

突出建筑的立面整体感，将一、二期400m的临街面商业裙房的横向元素统一起来，商业主入口处的一个造型独特的巨大钢构强调其中心的位置，住宅部分鲜明的竖向线条将形态、户型、朝向不一的各栋楼体统一起来，既整体又丰富，具有公建化的效果。

新常态、新挑战、新发展
——由合肥世纪荣廷项目展开的联想

聂光惠

何设计建筑设计事务所（深圳）有限公司

现在整个中国的经济步入新常态，意味着中国经济已进入一个与过去30多年高速增长期不同的新阶段，特点是从高速增长转为中高速增长，从投资驱动转为创新驱动，经济呈现新常态，社会呈现新常态。

在房地产领域除了受整体经济发展的制约，过去的2014年，在历经十几年高速发展之后，在限购、限贷政策影响下，房地产市场从黄金时代骤然跌落，步入整体下行的白银时代，虽然2015年3月底，央行、住建部、银监会下发通知，二套房款首付可低至四成，财政部发文购买两年以上普通住房销售免征营业税等多项房地产刺激政策，但是除个别一线城市外，整体楼市依旧低迷，新开工量大不如前。上游的波动，直接导致下游设计行业的动荡，众多设计公司何去何从？毋庸置疑，大浪淘沙、强者生存。

1.合肥世纪荣廷项目的启发

我公司近年设计的一个项目——合肥世纪荣廷，很有启发性。项目开发商是国内著名企业长虹集团，2013年底开盘当天288套房源全部售罄，市场反应热烈，后加推再次完美售罄，成为合肥首个"两开两罄"的楼盘。

2014年楼市低迷，但世纪荣廷项目依然风姿不减，荣膺2014年合肥全市住宅销售排行TOP10之列，新站区销售冠军。本人作为项目负责人，回顾起来，感到主要是因为，在开发商精准的市场定位之下，规划和建筑方案赋予了楼盘极高的性价比，设计为产品增加了附加值。

项目位于合肥市新站区，在城市东北部区域，现状北面是天水路，南面为珍珠路，基地西面隔河东路与天水公园相接，东向为皇藏峪路，其中天水路、皇藏峪路为城市主干道，交通十分便利。项目用地18.5万m²，总建筑面积约79.8万m²，其中计容积率建筑面积约57万m²。含有8、18～33层住宅，附设有相应的会所、幼儿园、沿街商铺。

会所实景照片

1.1 设计理念

为了设计一个精致、时尚、健康、美观、人性化的高尚小区，我们从四个角度进行规划设计。

1.1.1 从城市景观、环境、建筑设计的角度出发：a.本项目东侧、南侧均为大型成熟住宅区，建筑都是与城市路网平行或垂直的西南朝向，本规划应与现有城市肌理相融合，让小区的建筑群从整体形态上与周边环境相呼应。b.充分考虑对天水公园景观的利用，让绿地、水景从空间和时间上均融入我们的小区生活。c.小区的商业、休闲服务设施不仅服务于本小区，还与周边的生活相衔接，相辅相成，相得益彰。

1.1.2 从房地产商角度考虑：a.本方案采用多、高层住宅结合布置，北侧中部设计多层住宅，南侧中部设计大绿洲，在满足容积率、建筑密度的条件下尽可能降低建筑层数，降低造价，又能使各家各户都具有良好的视野和阳光。b.局部采用双向停车的周边环道来解决消防通路和地库进出口问题，尽可能提高停车效率，减少每车位占地面积，也有效地保障了建筑用地面积。c.组团绿地与中部的南北贯穿的绿轴景观结合，形成有收有放的景观形态，共同营造出通透、通风采光良好的小区域环境。

1.1.3 从住户角度考虑：a.朝向、通风、采光良好，既具个性又具均好性；绿洲处人车分流，为老人、儿童提供了惬意的活动场地，充分保障居民的安全性。b.入口设置迎宾广场，林荫大道，以及南北贯通、东西渗透的绿轴和视野走廊，让住户的自豪感油然而生。c.基本满铺地库及地面人性化绿化停车场，访客可便捷停车，保障住户有充足的自行车、汽车车位，充分的享受汽车文化的现代生活。

1.1.4 从物业管理、保安、清洁及维修人员的角度考虑：南北地块各设三个"六集一"出入口，将人、机动车、非机动车出入集中一并管理，减少管理人员，降低管理成本。使用智能化设备系统，实现小区对内开放，对外封闭的现代管理模式。

商业街夜景

以上的规划设计理念都是从宏观设计的角度出发，实现既为城市增姿添色，又让开发商获得最大的利益，同时让所有住户都得到一个舒适的家。

1.2 规划设计

1.2.1 总平面布局

中部延伸月华路形成东西向商业内街，将项目地块分为北区和南区，每区南北端中部设出入口、西侧设一个出入口，南北向四个出入口连成南北景观轴。高层建筑沿道路周边式布局，多层建筑设于北区中部，注重营造通向天水公园的东西向景观视野走廊，沿东侧皇藏峪路布置独栋商业。

1.2.2 精准定位突出解决主要矛盾

开发商对项目的定位为70%以上户型是80~90m² 建筑面积，也就是主要面对刚需人群。30%的户型为90~120m²/户，即是初改型需求。在这种前提下，豪宅路线所追求的那些奢华目标不再是我们考虑的重点。我们更注重的是在高容积率前提下如何能提供更大更优的面宽。所谓更优的面宽就是日照充足、视野开阔，没有视线干扰，尤其是能看到公园，或住宅区内绿洲。本项目地块为南北长、东西短的较规整形状，地势基本平坦，最大的优势是西侧为城市公园——天水公园，弱项是西侧有15m高110kV的高压线，南侧有15m高110kV—220kV的高压线塔。一开始规划，我公司就做出了三个不同

鸟瞰图

方向的比选方案：a.全板式建筑平行式排列；b.沿西侧天水公园布置点式，其余部位点板结合；c.放射线状布置。最后选定了全板式建筑平行布局的方案。优点如下：首先形成了东西向视野走廊，同时从小区东侧的城市道路上也可穿过小区看到天水公园。不仅从视线上、空间上把天水公园的景观资源融入了小区，而且亦为城市提供了开阔的自然生态景观界面，而这正是政府规划部门的关注点之一，为规划取得政府审批通过创造了条件。其次户户都可看到公园，实现了景观均好性；由于没有相邻住户窗口呈90°布局的情况，避免了视线、声音互相干扰的情况及同一幢建筑自身的日照遮挡。南向外墙基本在一条直线上，每个南向窗口都有180°无敌视野；中部设计与主入口相连的南北向景观轴线，全部小绿洲都与景观轴线连通，形成延续流动的绿色系统。在景观轴线的最南端，以一栋33层住宅收

尾，形成景观轴线的对景，完全隔断南向高压走廊对小区内视线的影响。

1.3 户型设计

a.规划为每户哪怕是80m²的小户型都提供了最少两个南向开间，即客厅、主卧均朝南；b.核心筒交通组织上亦曾进行了多方案比选探讨，采用两个分开的核心筒，令全部户型都享有直接的南北通风对流，事实证明市场对此非常认同；c.西侧拟在五层以下受高压线视线干扰的户型，客厅对南向开窗，五层以上对西侧开窗看天水公园，最后综合考虑结构因素、户型的整体性，未采取此方式，而通过种植高大乔木遮挡的方式来规避西、南高压线对相邻房间的视线干扰。

本项目设计从总体到细部都精耕细作，自然成就了市场的热烈追捧。

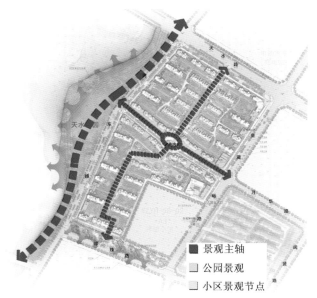

景观分析图

景观主轴
公园景观
小区景观节点

15#（C型）标准层平面图

2.对创新方向的思考

2.1 哲言说"不破不立"，房地产市场的萎缩也就意味着设计公司传统市场的饱和。新常态的另外含义就是步入创新发展阶段、创新驱动发展。

创新可以从三个方面去思考：a.创新的源泉来自于市场，来自于需求。个性化、多样化消费渐成主流。比如目前较出名的产品"小米公寓"、"极小户型"、"终极住宅"、"老年住宅"都是精准定位于城市部分特定人群市场研发的新品种。b.创新有一定的风险性，是一种冒险行为必须进行周密的研究、分析，才能真正引领市场消费趋势。c.创新带来资源的整合与优化。

2.2 目前关于如何创新的讨论很多，从设计公司的角度来看，个人比较推崇以下几点：

2.2.1 住宅的出路在于服务增值利润，包括物业与电商的发展相结合。应对电商的蓬勃发展，网购、快递将日益增加，亦将成为人们生活方式的转变之一。例如可在首层或地下室为每户将信报箱扩大升级为储物箱甚至是储藏室。而每个箱、室有位于门禁内外的两个门，投递员在门禁外可开启密码锁存入，无需增加安保困难。

2.2.2 智能住宅是新方向。除了推广普及现有的各种较高端的智能化措施，如家庭智能化集成控制、温湿度调节、空气净化、厨房垃圾粉碎等之外，还要发展全家居物流网、全生活社交网。

2.2.3 精细化设计。房间的尺寸、形态与室内设计、居家生活模式密切契合。例如节能环保必将是未来发展的大趋势。节约水资源：a.洗衣机可设计50cm左右高的基座，相邻部位布置拖布池，洗衣机排水通过拖布池流走，拖布池设计高位开启的排水塞，亦有给水龙头，洗衣机排出的水可供冲洗拖布二次利用。b.在燃气式热水器淋浴头附近设计可储水的洗衣池，将淋浴头初打开时排出的冷水收集利用。c.高效的收纳空间：户内走廊两侧不再是单纯的墙面，全部是房间门、洞、储物柜门，将交通空间与储物柜操作空间合二为一，可大量增加每家永远不会嫌多的储物空间，又提供了更大的操作面，使储物空间效率更高更实用。对户型设计来说，可增加户型进深尺寸，利于节地。

2.2.4 按国际惯例运作，在房地产开发项目中全程服务，初期运用专业知识对定位、策划提出分析建议，最大限度地令产品商业价值最大化，同时整合多专业，城市规划、建筑设计、景观设计、室内设计、平面设计，复杂的项目还有消防公司、酒店管理公司、厨房公司等各专业提供项目管理服务。施工单位、设备、材料等的选择招标，为房地产提供全方位的整体项目解决方案。

中国的城镇化进程仍在持续，与时俱进，不断创新的设计公司必将迎来新的发展。

超高层建筑不设置开启扇论述

马自强

北京市建筑设计研究院深圳院

前言

《〈公共建筑节能设计标准〉深圳市实施细则》（SZJG29-2009）第6.1.6条规定：除卫生间、楼梯间、设备房以外，每个房间的外窗可开启面积不应小于该房间外窗面积的30％；透明幕墙应具有不小于房间外墙透明面积10％的可开启部分，对建筑高度超过100m的超高层建筑，100m以上部分的透明幕墙可开启面积应进行专项论证。本文将通过对深圳市中洲控股金融中心200m以上的酒店幕墙不设置开启扇进行论述，为深圳市超高层建筑外墙不设置开启扇提供设计参考经验。

项目与节能设计概况

中洲控股金融中心位于深圳市南山商业文化中心区的西南角，是该区域的收官之作，也是南山区已建成的第一高楼。整个项目由高度为300m的酒店、办公主塔楼和高度为160m的公寓楼组成，总建筑面积近24万m^2。

建筑外墙以单元式玻璃幕墙为主，酒店、办公主塔楼的主要建筑围护热工设计情况如下：

1.屋面采用30mm厚挤塑聚苯板，导热系数为0.03W/(m·K)，屋顶平均传热系数为0.834W/(m^2·K)，平均热惰性指标为2.715，均满足规定性指标要求。

2.外墙部分采用保温防火岩棉，导热系数为0.045W/(m·K)；外墙平均传热系数为0.854W/(m^2·K)，平均热惰性指标为3.302，均满足规定性指标要求。

3.建筑各朝向窗墙面积比：东向为0.734，南向为0.733，西向为0.706，北向为0.716，这不满足规定性指标要求，按规范进行性能化权衡计算得出的结论进行综合判断。

4.外窗主要是采用Low-E中空玻璃幕墙，传热系数为3.0W/(m^2·K)，遮阳系数为0.22，其可见光透射比为0.35，气密性等级为3级。

经过权衡判断计算，耗冷量66.78kWh/m^{2}比参照建筑的耗冷量76.97kWh/m^{2}小，满足《〈公共建筑节能设计标准〉深圳市实施细则》的要求。

我们对整个建筑外墙的开启扇进行分析，发现不设开启扇的外墙面积和房间面积均仅占16％左右，如下页图表。

深圳南山商业文化中心核心区鸟瞰图

位置		A座	B座	裙房	总计	占主楼百分比	总百分比
外墙面积(m²)		46878.96	19927.08	6856.37	73662.41		
外窗面积(m²)		3864.65	14149.04	3807.87	51821.56		
总窗墙比		72.24%	71.00%	55.54%	70.35%		
设开启扇的外窗面积(m²)	主塔楼1～42层、公寓楼和裙房	25594.27	14149.04	3807.87	43551.19	75.58%	84.04%
不设开启扇的外窗面积(m²)	主塔楼43～61层（193.8m以上）	8270.38	0.00	0.00	8270.38	24.42%	15.96%
地上建筑面积(m²)		111489.00	42497.00	10588.00	164574.00		
设开启扇建筑面积(m²)	主塔楼1～42层、公寓楼和裙房	84549.82	42497.00	10588.00	137634.82	75.84%	83.63%
不设开启扇建筑面积(m²)	主塔楼43～61层（193.8m以上）	26939.18	0.00	0.00	26939.18	24.16%	16.37%

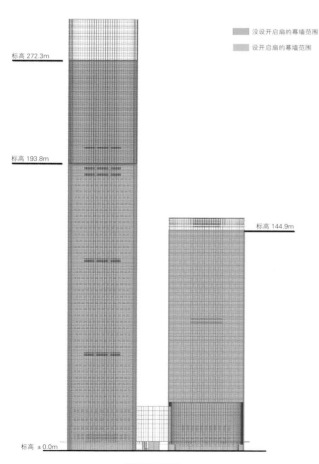

标高 272.3m

标高 193.8m

标高 144.9m

标高 ±0.0m

■ 没设开启扇的幕墙范围
■ 设开启扇的幕墙范围

建筑南立面图

主楼酒店外墙不设置开启扇的原因

一、设置开启扇对建筑和人身安全的影响

超高层建筑的安全性是建筑设计需考虑的首要问题。深圳属于台风多发地区，台风过后高层建筑窗户被吹脱的案例屡见不鲜。从项目的风洞测试报告可知，风压最大峰值正压为+4.86kN/m²，最大峰值负压-7.58kN/m²，如下页图所示，均位于主楼的上半部位。这些数据是按没有开启窗进行测试的结果，若增加开启窗，风压将更大，危险性也会相应提高。本项目位于200m高空上近70m高的空中酒店边庭采用竖向拉索、横向水平桁架钢结构吊挂式点支承玻璃幕墙，高空风压和大体量边庭等不利因素已对设计提出了艰巨的挑战。从整体外幕墙的安全性和密闭性考虑，主楼的酒店幕墙不适宜设置开启扇。

酒店客人因开窗不当引起人身安全的事故常有发生，酒店在管理中难于监控客人的开窗行为，故酒店外墙设置的开启扇大部分均被人为锁上。从酒店经营管理角度考虑，超高层酒店幕墙也不适宜设置开启扇。

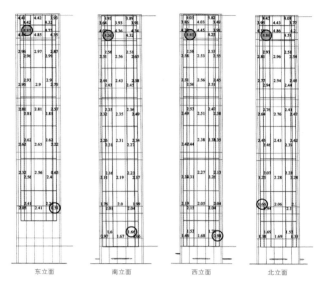

主立面区域极值风压（kPa）分布/全风向最大峰值正压

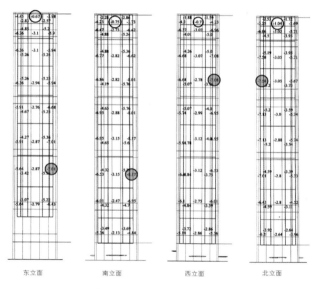

主立面区域极值风压（kPa）分布/全风向最大峰值负压

二、设置开启扇对于室内空调环境的影响

1.负荷方面：本项目位于深圳，属亚热带地区，夏季室外空气高温高湿，不适宜开启外窗进行自然通风。本项目客房的风机盘管负荷只担负日照、维护结构形成的显热及室内设备、灯具、人员等显热，只有人员的潜热计算在风机盘管的负荷中，若夏季开启外窗，室外空气进入室内，空调负荷的显热及潜热均将加大，原有设备无法满足要求，而且酒店难以控制顾客开窗，势必导致空调的运行能耗增加。冬季情况与夏季情况相同；只有在过渡季节开启外窗进行自然通风，才有效地减少能耗。

2.空调房间压力梯度方面：本项目客房层采用客房卫生间排风，走廊及房间送新风，压力变化是从走廊到客房到卫生间，压力逐渐降低，形成压力梯度。如果开启外窗，则压力梯度无法控制，如顾客在客房内吸烟，则烟味会蔓延至走廊，影响整个酒店的室内环境品质。

同样，酒店的空中大堂和餐饮、行政酒廊也有同样的问题，餐饮区域的压力是由走廊到餐厅到厨房，压力逐渐降低，形成压力梯度。如果开启外窗，则压力梯度无法控制，厨房的油烟味会蔓延至餐厅甚至走廊，影响整个酒店的室内环境品质。

三、设置可开启扇对室内舒适度的影响

项目位于台风多发地区，外墙设置开启扇可有效减少中、低楼层的通风负荷，并在过渡季使宜人空气进入室内，减少制冷或供热能耗。而主楼高楼层的酒店若外墙设置可开启扇，在高空的大气压将导致空气渗漏，空气渗漏将加速室内空气流动，引起烟囱效应，打乱建筑内部的送排风系统的平衡，导致以下主要问题：

1.竖井及楼梯间拔风，造成室内新风系统压力失调。

2.对空调的温度和湿度平衡造成负面影响，渗透空气和空气中的水汽将进入大楼，导致送风系统超载，影响室内舒适度，增加整体运营成本。

3.因酒店一年四季每天24小时均需制冷或供暖，设置开启扇会加大外墙空气泄露，导致能耗额外增加。

4.高空的气流强度因风速风向的变化本来就不稳定，穿越开启窗户的气流强度同时会受到室内外温差和风压差的影响，导致更不稳定，从而大大降低室内空气环境的舒适度。

四、设置可开启扇对酒店经营管理的影响

本项目酒店的经营管理者（万豪国际集团）基于以下人身安全、客人感受以及运营成本等方面的考虑，要求酒店外墙不设置开启扇。

1.酒店设置了全年24小时空调系统，新风换气次数也满足使用要求，不需要通过外墙开窗通风改善室内环境的舒适度。

2.酒店位于台风多发地区193.8m以上的高空，风压非常大，不恰当开窗有可能会造成人身伤害。

3.在高空设置开启扇会增加幕墙被破坏的几率，其维修或更换难度大且危险，容易发生意外。

4.酒店设置了3台6m/s的高速穿梭电梯连接首层接待大堂和空中大堂，窗开启会造成室内外空气流通，加大电梯在运行中的活塞效应，客人乘坐电梯变得不舒服，严重的还会引起电梯门无法关闭；也会引起室内空气的无组织流动，使客人感到不舒服。

5.酒店位于200m高空，视野非常好，位于东面的70m高共享边庭贯穿酒店各层，深圳湾美景一览无余，同时给酒店提供良好的自然光线，其外墙幕墙精美简洁，玲珑剔透，对景观遮挡极小。外墙设置开启扇会增加幕墙龙骨的截面，对客房的观景视线有所影响。

主楼酒店外墙不设置开启扇的措施

一、成熟的酒店管理和运营

本项目酒店按国际五星级标准进行设计，由万豪国际集团进行管理。万豪国际集团是全球首屈一指的酒店管理公司，业务遍及美国及其他67个国家和地区，管理超过2800家酒店近50万间客房，具有丰富的酒店管理经验，特别是五星级及以上级别的酒店管理经验。本酒店在其高效和严格管理之下，将在实现低能耗的同时给酒店客人提供舒适室内环境。

二、室内空气的换气次数

本项目酒店采用24小时的冷热源两管制集中式中央空调系统，其中酒店大堂和餐厅是全空气系统，酒店客房是风机盘管加新风系统。酒店的空调房间的换气次数均大于10次/h，如下表。

楼层	送风量	空调面积	吊顶高度	吊顶下体积	换气次数
	m³/h	m²	m	m³	次/h
43F	24240	574	4.2	2410.8	10.1
44F	41600	963	3.5	3370.5	12.3
45F~58F客房层	40100	1188	2.8	3326.4	12.1
59F	44730	1188	2.8	3326.4	13.4
60F	47630	1188	2.8	3326.4	14.3
中庭	50000	922	4.8	4425.6	11.3

注：上表中风机盘管采用高档风量进行计算

三、外墙节能措施

外墙采用铝合金框部分带彩釉图案中空Low-E玻璃的节能幕墙，外窗传热系数$K \leq 3.0$W/（$m^2 \cdot K$），综合遮阳系数$SC \leq 0.22$，玻璃可见光透射比≥ 0.35，外侧设置了水平穿孔金属遮阳板，整体幕墙隔热、遮阳节能效果非常好，采光性能良好。

结论

深圳市中洲控股金融中心采用带彩釉点的中空Low-E节能玻璃幕墙，设置了良好的水平外遮阳系统，隔热、遮阳和采光性能均很好。200m高空上的70m高的空中边庭既是本项目的最大亮点也是难点，在设计上需最大限度地确保其安全与美观。若在高空设置开启扇，会降低幕墙的安全性和密封性，增加酒店的营运成本，加大客人发生危害人身安全的几率；引发烟囱效应，影响高速电梯的正常运行，打乱建筑内部的送排风系统的平衡，对空调系统的负荷和压力梯度造成不利影响，并难以控制，增加建筑的能耗和降低室内环境的品质。酒店采用冷热源两管制集中式中央空调系统，房间的换气次数均大于10次/h，酒店经营要求空调系统一年四季每天24h不间断运行，故不需要设置开启扇就能很好地解决室内换气问题，给客人提供舒适的室内环境。

从安全、合理、经济、耐用、节能、高效、美观和高标准等方面综合考虑，我们认为本超高层建筑200米以上的酒店外墙不适合设置开启扇，而应该采取其他方式向室内提供充足的新鲜和干净空气，为使用者创造出高品质、舒适的室内环境和空间、视觉体验。

建成外幕墙实景照片

夏热冬暖地区大空间建筑采光天窗的节能策略

张金保

北京市建筑设计研究院深圳院

在我国南方的广大区域，1月份平均气温在10℃以上；7月份平均气温25～29℃，在建筑节能设计标准中被划分为夏热冬暖地区。夏热冬暖地区,太阳辐射强烈，建筑的围护结构材料特别是通透材料的热工性能对建筑能耗高低起着决定性的作用。

公共建筑尤其是大空间类型的建筑常用开设天窗的方式来丰富室内空间层次，天窗的设置将自然光引入建筑内部，改善室内光环境，同时也有利于建筑节能。深圳机场新航站楼，灯光消耗约占建筑总能耗的26%，因此自然采光的利用作为建筑节能设计的重要组成部分。深圳所在地理位置提供了良好的光照条件，自然采光的利用达到了很好的节能效果，特别是在夏天用电高峰的月份。通过模拟数据分析，自然采光有效地降低了新航站楼的用电负荷，全年可节约照明用电472万kWh，每年能够节约电费500万元左右。

但是现行的节能规范中，自然采光对建筑节能的贡献还没有数据性标准。在这里仅从热工能耗的角度对大空间建筑采光天窗的节能策略作粗浅探讨。

夏热冬暖地区，建筑屋面接受阳光的直接照射长，辐射强度大，屋顶的透明面积越大，相应建筑的能耗也大，因此节能规范对天窗面积和天窗材料的热工性能限制极为严格。《公共建筑节能设计标准》对于夏热冬暖地区天窗的设置比例要求不得大于20%，综合遮阳系数不得大于0.35，材料的传热

深圳机场指廊段室内光环境

系数不得大于3.5；而在《深圳市实施细则》中更是要求综合遮阳系数不得大于0.31。

规范中对于天窗的要求，运用在节能设计中，如果只是片面地追求围护材料的热工性能，而忽视室内热环境，实际上很难取得良好的节能效果。不同于常规建筑类型，大空间建筑的室内并非是均匀的热环境，空气密度会随着垂直方向温度变化而呈现自然分层的现象，称为烟囱效应。空调设计利用了这一原理，采用分层空调的技术方案，仅对下部人员活动区域进行空气调节控制，而上部较大空间不予控制，既能保持空间下部人员活动所要求的环境条件，又能有效地减少空调负荷。建筑垂直空间高度越大，温度分层现象越明显，其节能效果越优。

由于烟囱效应的作用，在大空间建筑内部的顶端，温度常高达40～50℃，远高于室外平均温度。热量在顶部空间长时间集聚，上下层能量传导加强，从而影响到下部的空调负荷区，将顶部热量及时排出至室外是有效的节能措施。《公共建筑节能设计标准》提倡夏季在建筑的中庭空间利用通风降温，必要时设置机械排风。

在大空间建筑中，天窗是将室内热量传递至室外的主要途径，但是在节能设计中往往没有得到很好的利用，甚至是适得其反。夏热冬暖地区，夏季室内外温差较小，传热对空调负荷贡献较小，夏季冷负荷以太阳辐射通过玻璃进入室内的热量为主，

玻璃遮阳系数（SC值）对围护结构冷负荷的影响远大于传热系数（K值）。因此综合遮阳系数是天窗设计及材质选择的首选参数。

为追求材料良好的热工性能，节能设计中多会选用低辐射玻璃（即Low-E玻璃）作为天窗的主材。Low-E玻璃具有良好的节能效果，被广泛地运用于建筑外围护结构，它的最大特点是阻止室内的长波热辐射泄向室外，因此大空间建筑的天窗不宜采用常规Low-E玻璃的做法。有的工程将Low-E玻璃的膜层朝向室外，用来阻断室外长波热能进入室内，夏热冬暖地区的白天，以短波的太阳直射光为主，室外长波热能只占很少部分，如此利用Low-E玻璃亦不能取得理想的效果。

天窗是将顶部集聚的热量导向室外的有效途径，同时也是阻隔太阳光能进入室内的屏障。综合遮阳系数是衡量外窗对太阳光的遮蔽效率的数值，由窗玻璃自遮阳和构件外遮阳权衡计算得出。玻璃的自遮阳系数与可见光入射比是两个不同的概念，前者针对能量而后者相关光亮，但是在目前的技术条件下，两者是相关的，提高玻璃遮阳系数性能的同时必定会降低可见光入射比。外遮阳对窗综合遮阳系数的贡献非常明显，不足之处在于阻断太阳光能的同时也阻断了可见光进入室内，这与设置天窗引用自然光进入室内的理念是相悖的。

内遮阳是大空间建筑天窗遮阳的常见做法。相比于外遮阳，除了可以导入更多的可见光进入室

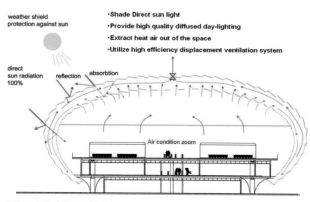

深圳机场指廊段热环境分析

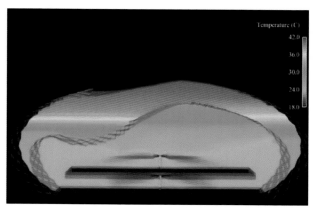

深圳机场指廊段温度分布图

内，内遮阳类型和材质的多样性、操作和维护的灵活性，使其在不同类型建筑中得到广泛的运用。

从建筑节能的角度考虑，当太阳光透过玻璃进入室内直射到遮阳构件或室内物件时，已经将能量带入了室内，被阳光照射到的物件表面升温并以长波辐射和对流的形式向室内散热。因此在现行规范和标准中，内遮阳的节能作用是没有被认可的。

然而大空间建筑的天窗设置内遮阳对建筑节能的贡献却是不可忽视的。大空间建筑内部仅在人员活动区域提供冷量，室内热环境是一个自下而上温度逐步升高，空气呈现对流上升的状态。因此采用内遮阳阻断光能传递，将进入室内的太阳光能控制在空调负荷区之上，利用烟囱效应产生的热压将热量排出，同样可以取得良好的节能效果。在深圳机场航站楼项目中大量采用了铝板吊顶内遮阳的做法，经权衡计算相比于基准建筑节能将近26%！

阻断光能进入室内以避免加大空调负荷是天窗节能设计的关键。内遮阳的设置首要是降低太阳直射光进入室内空调负荷区的机会，避免因太阳直接得热而加大室内空调负荷。在深圳机场航站楼的实测数据显示，受到阳光直接照射的区域相比于室内平均温度要高出$5 \sim 10℃$。通过设置的内遮阳将进入室内的直射阳光转换成漫射光，既提高了室内的光亮度，又可以将热能阻隔在内遮阳与天窗之间的区域。

内遮阳的密封率影响上下层空气对流换热。在内遮阳完全开敞的情况下，上下层空气流动自由，可以认为内遮阳的外侧表面与天窗玻璃的内表面之间只存在着长波辐射换热，即内遮阳所吸收能量中会有一部分以热辐射的形式通过玻璃传向室外。在完全封闭的情况下，内遮阳与天窗的内表面形成一个封闭的空气腔，类似于双层幕墙的概念。将能量以热辐射的方式传出室外的同时，内遮阳层能够阻隔分层空调区域和空气腔内气流交换，减少能量传导，达到节能目的。空气腔阻隔上层热量向下层空调负荷区传导的同时也阻断了热空气对流上升的途径，因此完全封闭的内遮阳也是不可取的，在内遮阳表面温度较低的区域应留有供下层热空气上升的通道。

内遮阳与天窗之间形成的空气腔，应留有足够的蓄热空间。由于热浮力的影响，空气腔内底部温度较低，与分层空调区域之间的热传导相对较少，但是当入射阳光强烈、内遮阳表面温升过快时，空气腔内积聚的热能将会侵入下方的空调负荷区。空气腔在存储热能的同时可在天窗顶部开设排热通道，通过温升产生的自然风压或是采用机械排风，尽快将热量排出至室外。相关的研究表明，在大空间建筑顶部设置机械排风，节能效果可提高7%左右。内遮阳与机械排风的组合，节能效果尤为明显。

内遮阳材料选择尤为重要，室内遮阳是对通过天窗进入室内的辐射进行遮挡，遮阳设施的反射性能对其遮阳效果起决定性作用。浅色系的遮阳材料效果明显，普通的白色布质窗帘即可隔离40%左右的太阳辐射热。当阳光直射到遮阳构件上，一部分会被反射到天窗玻璃上，余下部分被遮阳设施自身吸收，因此遮阳设置自身也以对流和辐射的形式散发出一部分热量。所以遮阳构件最好选用蓄热量小的材料来做，避免因局部温升较大影响室内空间垂直方向温度的自然分层，造成热量无法向上自然升腾进而侵入下方空调负荷区。

节能是一门交叉学科，涉及建筑材料、暖通空调、照明设备等专业，建筑节能设计在研究外部环境、建筑功能、围护结构的同时，也应该关注建筑内部的热环境、光环境，通过综合的分析来确定不同部位建筑材料的选择。大空间建筑这种特殊的建筑类型，由于其内部热环境的复杂性，天窗的节能策略应以隔热、导热为主。天窗主体应选用遮阳系数高、导热性能好的材料，不能为了满足节能参数的要求而盲目选用Low-E玻璃，合理利用内遮阳，同样可以起到良好的节能效果。

对于航站楼人员疏散的进一步研究

黄河

北京市建筑设计研究院深圳院　副总建筑师　一级注册建筑师

摘要：2014年完成了《深圳宝安国际机场T3航站楼消防策略的检验与控制》的科研课题。本文是课题中的一个附件。

航站楼是一种特殊的建筑类型，指廊区可以利用登机桥这种特有的方式对大量人流进行快速疏散。即便这样在疏散演练中仍可以看到会出现拥堵的现象，通过现场的疏导措施可以缓解一部分拥堵状况，保持疏散通道的畅顺。但在进行普通建筑设计时，常常没有像登机桥这么有利的疏散方式。如果出现大密度人流的情况，在只能利用楼梯进行疏散的条件下是否会更加不利呢？

我院就此问题与ARUP展开了进一步的深入探讨，借此机会对常规建筑中大量人流疏散问题作一些研究与反思，希望为常规建筑中的人员疏散提出一些改善的建议。

作为火灾情况下人员疏散的最主要途径之一，楼梯的疏散效率直接决定着人员脱离危险区域的时间。疏散过程中，各楼层疏散人数以及进入楼梯的速度等因素都会直接影响楼梯的疏散效率，进而影响火灾层疏散时间。因此，我们将通过建立疏散数字模型，进行模拟计算分析，对楼梯疏散进行相应的研究，从而为制定科学合理的疏散策略提供参考。

在建筑设计中，常规的人员疏散设计思路为：根据建筑使用功能→（均布）人员密度→（每个防火分区）局部区域有效的疏散宽度+控制最不利点疏散距离→楼梯分布+每个楼梯的有效疏散宽度。规范对于使用人数给出的上限值，一般在实际使用中，人数较难达到规范条文规定的人员密度。但也应评估在最不利情况下（满足设计使用人数时），每个疏散楼梯因为疏散人数不均匀性所承担的疏散压力是否在可接受的安全标准范围内。

因为设计过程中疏散表现为一种理想的、均匀的疏散情况，而在现实中绝大多数的情况为不均匀疏散，只是不均匀的程度有所差异。按规范理解，人员的不均匀性会导致疏散楼梯处在一种超出规范允许的疏散人数情况下，一般按规范要求疏散楼梯会被认定为不满足使用要求。但实际火灾疏散中这种情况会通过延长人员的疏散时间来解决。

举一个简单的例子，一栋耐火等级为一级的多层（4层）商业建筑，无地下室、无共享中庭，层高4.5m，平面尺寸为70m×70m，每层建筑面积4900m²。在平面4个角部均匀设置8部封闭楼梯间。

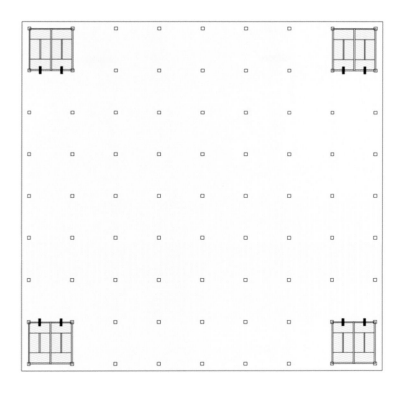

该栋商业建筑的使用人数按规范如下表：

楼层	建筑面积（m²）	面积折算值	疏散人数换算系数（人/m²）	人数
四层	4900	50%	0.60	1470
三层	4900	50%	0.77	1887
二层	4900	50%	0.85	2083
一层	4900	50%	0.85	2083
总计				7523

　　按旧版规范设计，每层为一个防火分区。四层为疏散最不利层，我们以四层作为火灾层对人员疏散进行研究。该区按设计规范有效疏散宽度的计算公式应为：

　　14.70m＝4900（m²）×0.5×0.6（人/m²）×1.0（m/百人）

　　有效疏散宽度＝每层建筑面积×营业厅面积折算系数×四层营业厅疏散人数换算系数×疏散楼梯每百人净宽度

　　新规范取消了营业厅面积折算系数，在明确层数后，各层营业厅每百人米的疏散净宽不再区分，所需最大有效疏散宽度的楼层已从四层调整至二层，在下文中暂不针对新规重新论述。

　　我们在平面4个角部均匀设置8部封闭楼梯，每部楼梯的有效疏散宽度为1.875m，四层该分区的设计有效疏散宽度为15m。疏散楼梯的设置同时满足最不利点疏散距离的控制要求，均匀布置。在楼内按规范设计了消火栓系统、喷淋系统、消防报警系统、机械排烟系统、疏散指示系统。这就是满足现行规范的消防设计。

　　实际当四层发生火灾时，消防报警响起，发出人员疏散的信号。该层的1470人（考虑一部分非熟悉疏散环境人员的从众心态或为了避开着火点）在实际场景下不均匀疏散的可能性非常大。这就对其中一个楼梯间提出了两个问题：第一，楼梯在人员超压时的表现，对于疏散效率会有多大的影响，影响程度是否在安全标准可接受的范围内；第二，全楼疏散时，四层即使不超压，三层人员在进入楼梯平台时，由于在该层楼梯平台上疏散人流量的叠加，导致在疏散楼梯内的人员疏散速度下降。四层人流与三层人流交汇时，三层疏散人流因无转向及下楼梯问题，疏散起来会比四层疏散人流更容易进入向下层疏散的楼梯。这种情况会影响到楼梯正常的疏散速度，导致四层的疏散速度下降，使得四层楼梯口部排队拥堵情况更加严重，在多层叠加效应的影响下，将会对疏散结果产生一定程度的影响。所以对于疏散系统的评价，不单由疏散系统的能力构成，也应由疏散时间（通过综合评定满足整体安全标准确定的疏散时间）控制。

楼梯疏散时间与楼梯的疏散能力相对应，能力高自然时间短。楼梯的疏散能力取决于人员密度与疏散速度，而本身人员密度与疏散速度也存在一定抛物线性变化关系。一般过程为：疏散人流从形成→拥堵→缓解。初期疏散人流形成，人员密度未影响疏散速度时，疏散能力随着人员密度提高而提高，疏散能力与人员密度成正比；随着人员密度的不断增大，达到临界值后，人员密度的增长会对疏散速度产生负面影响，这时随着人员密度的增长，疏散速度会快速下降，疏散能力也会随之下降。针对这种情况，分析出在开始影响疏散速度临界点位置的人员密度，我们称之为饱和密度。可以在消防管理预案中，加入疏散时控制每个疏散出口人员密度的有效措施，保持平稳的疏散速度，达到最大疏散能力。

右上图中表示了人员密度、疏散速度及疏散效率之间的关系，绿线表示的为密度达到人员密度临界点的饱和密度时疏散效率最高。

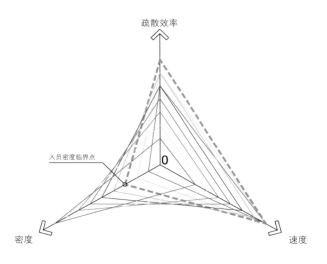

在SFPE手册设计对于楼梯的饱和密度也有类似的研究。

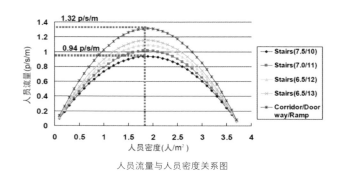

人员流量与人员密度关系图

从上图可看出，楼梯间人员密度在1.9人/m² 时，疏散流量达到峰值。而且从图中可以看出一些细节问题，在设计时应予以关注。疏散楼梯踏步的宽度及高度与疏散的人流量有着直接的线性变化关系。坡度较陡时，人们往往更小心，疏散速度更低。当踏步高度与宽度比在7.5inch：10inch时，即165mm：330mm时，疏散人流量可达到1.16人/m/s的峰值。相比楼梯踏步设计在6.5inch：13inch时，即190mm：254mm时，疏散人流量仅能达到0.94人/m/s。疏散效率提高约19%。在楼梯竖向设计中应尽量避免长短跑梯段设计，因为短跑梯段（3~6个踏步）上疏散人流存在加速倾向，实验表明疏散速度是长跑梯段的2倍。这种设置情况加剧了楼梯疏散速度内的不均匀性，反而降低了楼梯整体的疏散效率。在楼梯设计时可以参考此因素。

我们按照满足规范的常规工况建立了数字模型（此部分工作由ARUP协助完成），并且在排烟有效及排烟失效的情况下分别作了人员疏散的模拟。"由于四层发生火灾后，本层人员可用疏散时间最短，因此在制定疏散策略过程中需首要保证四层人员有足够的疏散时间。通过模拟分析发现，当四层排烟有效时，470s时楼梯入口处能见度将低于10m，即四层人员可用安全疏散时间为470s；当四层排烟失效时，411s时楼梯入口处能见度低于10m，即四层人员可用安全疏散时间为411s。当四层排烟有效时，该层人员可安全疏散；当四层排烟失效时，该层人员并不能在安全时间内疏散完毕。根据可信最不利原则，当四层排烟失效时最不利于人员疏散，因此此后分析中主要考虑排烟失效的情况。"

从上述结果可知，四层人员并不能在可用安全时间内疏散完毕，所以有必要采取有效的措施减少四层人员疏散时间。由于楼梯疏散能力有限，当上层人流与下层人流交汇时，下层疏散人流因无转向及下楼梯问题，会更容易进入楼梯而使上部楼层人员发生拥堵，不能继续往下疏散。我们通过各种方式控制非火灾层进入楼梯间的人流量，尝试找出一种可以保证楼梯始终饱和密度的控制方式，保证四层的人员需要疏散时间小于可用疏散时间。

模拟试验的主要结论如下：当控制火灾层下层人员进入楼梯的流量在0.5人/m/s或以下时（最大值为1.3人/m/s），可大幅度降低火灾层人员的疏散时间。而总体疏散时间可缩短40%左右。

控制流量方案必需的疏散时间（REST）

疏散场景	探测报警时间（s）	疏散前准备时间	疏散行动时间		疏散总时间RSET（s）
			疏散行动模拟时间（s）	×1.5*	
1.3	120	120	242	363	603
1.2	120	120	247	371	611
1.1	120	120	247	371	611
1.0	120	120	243	365	605
0.9	120	120	240	360	600
0.8	120	120	244	366	606
0.7	120	120	251	377	617
0.6	120	120	190	285	525
0.5	120	120	90	135	375
0.4	120	120	88	132	372
0.3	120	120	94	141	381

注：★表示疏散行动模拟时间考虑1.5倍的安全系数作为最终的疏散行动时间。

现有民用建筑，绝大部分是以楼梯作为主要疏散途径的。除了作好楼梯安全设计及细部设计外，合理组织疏散人员在楼梯口部形成有序疏散，控制楼梯内临界点人员密度，使得楼梯始终处在高效安全的疏散状态并满足安全标准内的疏散时间是检测疏散系统是否满足安全使用要求的重要标准之一。

关于地下汽车库设计的探讨

王莉英

北京市建筑设计研究院深圳院

前言

当今随着经济高速发展，城市用地资源紧张、汽车保有量高已成为普遍现象，地下汽车库在这一大前提下以其对用地资源的合理利用越来越受到人们的关注，成为停车位存在的主要形式。本文针对地下汽车库这一常见建筑类型，就如何更好地规划停车位布局及进行车行流线设计进行探讨，并梳理出一些合理、有效的设计原则，以期对类似建筑设计起到一定的借鉴作用。

一、车库类型与规模

汽车库根据不同分类原则可以分为公用汽车库与专用汽车库、单建式汽车库与附建式汽车库、地上汽车库与地下汽车库、坡道式汽车库与机械式汽车库、小型车汽车库与大中型车汽车库等，根据容纳车位数的规模则可以分为特大型、大型、中型、小型汽车库，其对应停车数量如表1所示。

表1　汽车库建筑分类

规范	特大型	大型	中型	小型
停车数（辆）	>500	301~500	51~300	<50

注：本表摘自《汽车库建筑设计规范》JGJ 100-98。此分类适用于中、小型车辆的坡道式汽车库及升降式汽车库，并不适用其他机械式汽车库。

本文所要探讨的汽车库类型是设计中最常遇到的公用附建式地下汽车库，利用城市公共建筑或住宅建筑地下空间进行坡道式布置的小型车汽车库。

二、地形及出入口

地下汽车库总体布置应做到因地制宜、合理组织内外交通。首先需要根据用地条件（如周边环境、路网格局、场地形状、退线关系、室外管线等）确定地下室轮廓，由于矩形平面对于汽车库而言是一种高效的平面形式，在条件允许的情况下通常选择矩形来进行设计。实际项目中受限于用地条件，地下室轮廓往往不能做到规则的矩形，但可以通过拓扑的手法将矩形空间的布置方式进行拓展应用。其次结合场地规划车位数与地下室轮廓及其他平面功能布置要求，可以初步确定地下汽车库的层数。在地下室轮廓、层数确定以后进一步确定机动车出入口的数量与位置。出入口的数量与车库规模相关："大中型汽车库的库址，车辆出入口不应少于2个；特大型汽车库库址，车辆出入口不应少于3个，并应设置人流专用出入口。"出入口布置应结合用地周边路网格局，与市政道路的接口位置应符合规划条件，满足城市规划设计准则及规范中与市政道路交叉口及市政公用设施（如公交站、过街天桥等）之间的距离要求，中型以上汽车库出入口不应直接开向城市主干道，应设在城市次干道。出于安全和有利城市道路车流疏散的角度考虑，规范要求各汽车出入口之间的净距应大于15m，有利于分散进出车汇流的压力。但在规范规定的15m范围外尽可能紧凑地布置出入口则有利于整合场地周边环境，将场地优势面留给建筑主体布置主要人流出入口，另一方面也便于车库的集中管理。出入口在竖向宜与周边道路平缓衔接，对于坡地建筑可以考虑结合周边道路坡度因势利导错层设置出入口。出入口的布置对于地下汽车库内部主体流线的设计具有引导性，是车库整体流线布局中至关重要的因素。因此，出入口位置的选择应内外兼顾，使内外交通联系安全、便捷。

三、平面选型

车库平面布置与结构布置形式息息相关，当位于上部主体建筑投影范围内时，由于受限于上部建筑平面布置形式，车库布局灵活性小，在此不作深入讨论。下面主要讨论位于上部主体建筑投影外时的平面布置形式，其中柱网跨度的选值对车库的经济性影响至关重要，适合的柱网尺寸与停车位尺寸模数密切配合，能够最大限度地减少不必要的浪费。柱网的跨度太大，造价将会提高，且梁截面增加会降低车库有效净高；跨度太小则柱网过密，对于车库布置非常不利、空间利用率降低；通常将柱网跨度与停车位的模数结合考虑，下面以垂直式停车为例尝试推导适宜的柱网尺寸。常规的小型车车身尺寸为1800mm×4800mm，汽车间横向净距600mm，汽车与柱间净距300mm，汽车与墙、护栏及其他构筑物间横向净距600mm；对于车库这样的大空间框架体系，柱跨取值在9m左右是比较常规和经济的，柱子尺寸按照结构计算的结果，常常在600mm×600mm～1000mm×1000mm范围内取值。结合以上尺寸可以得出在平行停车位布置方向最小柱跨（两侧靠柱、柱子尺寸600mm×600mm）为300+1800+600+1800+600+1800+300+600=7800mm，而最大柱跨（一侧靠墙、一侧靠柱、柱子尺寸1000mm×1000mm）为600+1800+600+1800+600+1800+300+1000=8500mm；根据实际情况在这个范围内浮动取值，都是比较经济的做法，同时在结构计算允许的情况下应该尽量控制柱子横向尺寸，以缩小因柱子尺寸而增加的跨度值。对于垂直停车位布置方向的柱跨则需要结合车道一并考虑；汽车间纵向净距500mm，汽车与柱间净距300mm，汽车与墙、护栏及其他构筑物间纵向净距500mm；规范中小型车垂直式停车通车道的最小宽度为后退停车时5500mm、前进停车时9000mm；因此对于常见的后退停车方式而言一个标准停车带（一条通车道加两侧垂直式停车位）的最小宽度（两侧停车位外侧均为停车位时）是250+4800+5500+4800+250=15600mm，最大宽度（两侧停车位外侧均为墙体时，墙体厚度按200mm考虑）是100+500+4800+5500+4800+500+100=16300mm；当停车带连续接临布置时，可以将垂直于停车带方向的柱网跨度取值为1/2停车带跨度，即在7800～8200mm之间取值是较为恰当的，结合平行于停车带方向的柱跨综合考虑，尽量按照规则的正方形柱网布置平面对于模数选择、结构计算以及施工都更为有利，但在边跨及需要布置上下行车道的位置则可以根据实际情况进行适当的调节。在外轮廓及柱网等因素确定的条件下，车库平面分区应结合防火分区，宜规整、便于识别，防火分区划分时应尽量利用背靠背相邻两排车位之间来布置防火墙。《建筑设计防火规范》GB 50016-2014中对防火卷帘的设置比例作了严格要求，防火分区线应尽可能少地穿越车道、尽量减少防火卷帘的数量。

四、车位与坡道的布置

车位布置形式根据进出车位的方式可以分为后退停车前进出车、前进停车后退出车以及前进停车前进出车三种类型。由于小汽车大部分为后轮驱动、前轮导向，所以对于前进停车后退出车的布置方式来讲，当汽车出车时需要先退出将近一个车身长度的尺寸方可调节方向，故相对于前进出车的模式所需要的通道尺寸更大，较少采用；而前进停车前进出车由于两侧均需接临车道故所需通道宽度最大，同样也较少采用。目前地下车库大部分采用后退停车前进出车的停车方式，这种停车方式在停车时对驾驶者的要求相对

较高，但在出车时视野开阔、较为安全。车位布置形式根据停车角度的不同可以分为垂直式停车（90°）、倾斜式停车（常见的有60°、45°、30°）、平行式停车（0°）；垂直式停车以其布局经济合理、空间利用率高而成为最常见的停车位布置方式，但停车操作相对困难，停车时间相对较长；倾斜式停车相对于垂直式停车具有更好的可操作性、停车时间相对较短，但空间利用率较低，且小角度（45°与30°）停车不适用于双向通车道，因此较少采用；水平式停车空间利用率最低，仅在侧向空间不足而加以利用时采用。

除了车位的布置方式外，车库上下层之间的竖向交通联系方式的选择是车库整体流线设计中重要的环节。上下层连接坡道体系按照形式可以分为直线形、曲线形。直线形坡道坡度限值可以达到15%，在层高一定的情况下，所需坡道长度最短，是最为经济的坡道形式。曲线形坡道坡度限值为12%，在层高一定的情况下，所需坡道长度相对较长；但其形式灵活多变，常用于不规则场地或坡道需要转弯处，故仍有其不可替代的优势，特别是在用地紧张的中小型地下汽车库。以常见地下车库的高度进行试算，小型车车库净高不小于2200mm，各类设备管线考虑预留600mm高的净空，8m左右跨度梁高按照700mm取值，面层做法考虑100mm厚度，则层高约为3600mm。以直线形坡道（首尾需要7.5%的缓坡，中间取15%的坡度限值）计算，则总共需要3600/0.15+3600=27600mm的长度，27600/8000=3.45，即大约需要3跨半左右的长度设置上下层连接坡道。若车库层高需要适

当提高，则这个数值将会相应增加，但一般不会超过4跨的范围，因此利用4跨的长度来布置上下层车道是较为合理的做法。出于安全因素的考虑，上行流线与下行流线不宜布置在同一坡道上；上行坡道与下行坡道应适当分开，避免车流过于集中而影响车库的运行效率；上下相邻两层的上行坡道之间及下行坡道之间则宜临近布置，可以使得入车流线及出车流线在连续穿越楼层时更加通畅、便捷。由于常规的直线形坡道宽度单行为3m、双行为5.5m，双行坡道宽度刚好约等于车位进深，设计时可以结合一排车位的空间布置坡道，在空间利用上是比较合理的。由于坡道下方净高会随着坡势的降低而降低，当其净高低于2m时无法布置车位或作他用，成为无法利用的消极空间，故将坡道布置在普通楼板的上方并不经济（最底层除外）；因此坡道的布置类似楼梯，在平面条件允许的情况下不宜错位布置，宜上下叠层布置。

五、流线设计

车库内的流线设计对车库整体利用率具有决定性的作用，在平面布局及车位布置方式已确定的基础上，车道流线设计应尽量简洁高效、避免不必要的迂回。对于大型车库来讲，可以将车库流线分为主流线与支流线，形成以主流线为主、支流线为辅、主流线带动支流线的格局；对于中小型车库来讲，则尽可能简化流线、避免不必要的分支，做到导向明确、流线一体化。流线设计不仅需要考虑平层水平流线带动各个区域的均衡性，同样需要考虑

跨层间垂直流线衔接的高效性及与室外道路之间连通的便捷性；在进出、上下、水平各个层面之间形成高效关联；尽量避免交叉、逆行等降低效率与安全性的流线设计。

除车行流线外，人行流线是车库设计中另一重要流线，人行流线分为停好车离开车库的出流线与需要取车时进入车库的入流线。由于人流进出车库多是通过电梯到达相应楼层，电梯位置的确定是人行流线设计的重点。电梯布置宜与整体平面布局相协调，应当考虑人流到达与离开的便捷性，尽量避免人流与车流之间的交叉穿越。

六、相关设计因素的影响与把控

地下汽车库是一种具有较强时效性的建筑形式，在不同时间段进出车数量与车库饱和度有很大差异，存在早晚高峰期的影响。对于城市公共服务建筑附建汽车库，在日间及节假日是其使用高峰期，进出车流量及饱和度均较大，在夜间利用率则较低；对于办公建筑附建汽车库，则对应人流的上下班高峰期形成与之对应的早入车、晚出车高峰期，日间饱和度高，夜间饱和度低；对于住宅建筑附建汽车库则刚好具有与办公建筑附建汽车库反向的高峰期与车库饱和度。这种时效性在进行车库设计时应加以考虑，从更高的层面来讲在城市规划时根据以上因素对附建汽车库进行平衡则是更为明智的做法。

地下汽车库消防设计中，楼梯作为火灾状态下人员疏散的唯一安全出口，应该布置在车库中适当的位置。规范规定"汽车库室内任一点至最近安全出口的疏散距离不应超过45m，当设置自动灭火

系统时，其距离不应超过60m"，因此楼梯位置的设置应首先确保其安全半径可以有效覆盖车库内各点，且火灾时逃生路线简明便捷，车库内各点人员能够快速到达安全出口。

地下汽车库常与人防工程结合考虑，在满足日常车库使用的同时亦能满足战时人防掩蔽的需求。人防设计需要布置各类人防出入口、通道及设备用房，在设计时不宜占用车库内优势的规则停车空间，宜借助地上塔楼剪力墙及一些不规则的空间布置人防平面。

在信息技术日益发展的当下，利用信息反馈机制对车库实行自动化管理是今后发展的趋势。通过车位引导系统的介入，驾驶者在进入车库时可以快速锁定空余车位、定点导航至停车位，大大提高了车库的利用率与进出车的等候时间。在建筑设计时应结合弱电系统，为将来的发展趋势预留条件。

七、设计成果的评价

车库设计的优劣评价应该根据其空间利用率及进出车便捷性来进行评估，空间利用率通常由平均车位面积比来确定。由于车库除了布置停车位与坡道等设施外，还需考虑车库本身使用的设备机房的空间；车库排风排烟采用设备作机械式排风排烟，需要预留一定的机房面积；车库进风则可以根据现场用地条件，尽量利用外围设置通风竖井连接室外自然取风，以减少设备数量及其所需机房空间。除供地下汽车库本身使用的设备机房外，设计中常常利用地下室空间布置供上部建筑功能空间使用的机房区，其设置要求与上部建筑规模及使用功能有关，与地下车库并无直

接联系，故不应参与地下车库车位面积指标的均摊计算。进出车库便捷性通常以入库时间及出库时间作为考量依据，但这一数据在实际使用过程中受诸多因素影响往往不易测量，理论上我们可以根据车库进出车设计流线的合理性进行直观判断。

八、小结

本文所讨论的问题均为在理想状态下的优化选择方案，实际工程中碰到的设计条件往往受限于多方面的因素，建筑师需要根据场地内外关系，结合规划要点、建设指标、使用功能、专业要求等综合考虑出入口位置、平面布局、停车方式、进出车流线等，以达到经济、安全、便捷、高效的目的。

参考文献

《汽车库建筑设计规范》JGJ100-98
《汽车库、修车库、停车场设计防火规范》GB 50067-2014

设计与工业相结合

曾繁

梁黄顾建筑设计（深圳）有限公司

当我们谈论"深圳学派"建设的时候，需要了解其他学派形成的过程，通过对比的方式找出相互之间的同构关系。对于建筑学派的研究，通常的方法是关注其代表人物和代表作品，然而，这些往往还不够。我们能够说出现代主义学派的历代建筑大师及其代表作品，但是，我们却很难完整把握"设计与工业相结合"。带着这个问题，我们先学习现代主义学派的发展轨迹，或许，我们能够找到建设"深圳学派"的方法。

19世纪下半叶至20世纪初，恰逢机器生产取代手工业生产方式，欧洲各国均兴起了形形色色的设计改革运动。但是，无论是英国的工艺美术运动，还是欧洲大陆的新艺术运动，都没有摆脱拉斯金等人否定机器生产的思想。1907年成立的德意志制造联盟，由艺术家、建筑师、设计师、技术人员、企业家和政府工作人员组成，积极推进艺术、工业、手工业相结合，提高德国工业产品质量，以期达到和超越国际水平。"联盟出版的年鉴向人们展示国际工业技术发展新动态，如美国福特汽车公司首创的装配流水线。年鉴还发表不同观点的理论文章，让人们在争论中求得真理。1914年，联盟内部发生了设计界理论权威穆特休斯和著名设计师威尔德关于标准化问题的论战，穆特休斯以有力的论证说明：现代工业设计必须建立在大工业文明的基础上，而批量生产的机械产品必然要采取标准化的生产方式，在此前提下才能谈及风格和趣味问题。这次论战是现代工业设计史上第一次具有国际影响的论战，是联盟所有活动中最重要、影响最深远的事件，它所确立的设计理论和原则，为德国和世界的现代主义设计奠定了基础"。联盟提出了七项主张：

一、艺术、工业、手工业相结合。

二、主张通过教育、宣传提高德国设计艺术的水平，完善艺术、工业设计和手工艺。

三、强调联盟走非官方路线，保持联盟作为业界组织的性质，避免政治对设计工作的干扰。

四、在德国设计艺术界大力宣传和主张功能主义，承认并接受现代工业化。

五、设计中反对任何形式的装饰。

六、主张标准化下的批量生产，并以此为设计艺术的基本要求。

七、设计的目的是人而不是物。

事实上，联盟内部观念的冲突并不是非白即黑，那些后来不占主流的观点同样非常有市场，我们至今还不能否定其合理成分。威尔德也是联盟的创始人之一，他对为了国家的经济利益而统一艺术与工业的可能性并不十分乐观。他认为这两者的结合是将理想与现实混为一谈，会导致理想的崩溃。他说："工业绝不应为了获得更多的利益就可以牺牲作品的美和材料的高质量。对那些既不注重美，也不注重使用材料，因而在生产过程中毫无乐趣的产品，我们不必去理睬。"

著名设计师贝伦斯的贡献是多方面的。作为德国通用电器公司AEG的艺术顾问，他为这家庞杂的大公司树立起了一个统一完整的、鲜明的企业形象。作为一位杰出的设计教育家，他的学生包括格罗庇乌斯、密斯和柯布西耶三人，他们后来都成了20世纪最伟大的现代主义建筑大师。贝伦斯设计了AEG的透平机制造车间与机械车间，被公认为第一座现代建筑。1922年，他在制造联盟的刊物《造型》中写道："我们别无选择，只能使生活更为简朴、更为实际、更为组织化和范围更加宽广，只有通过工业，我们才能实现自己的目标"。

另一位联盟的创始人是政治家诺曼，他用精明的外交手腕使得观点不尽相同的人士汇集在联盟的旗帜下。他曾在一篇文章中强调，需要一种新的方法以应付工业所提出的问题："在手工艺人身上，三种活动，即艺术家、生产者和商人的活动集于一身。但自从实用艺术不再是手工艺的同义语以来，这三种功能就被分开了。因此，有必要找到一种共同基础，将这三者联系起来。这就意味着一种观念上的变化和合作的意愿"。

通过以上学习，我们大致可以得出这样的印象：1. 现代主义学派创新主体不仅仅是设计师，还包括整个行业的所有参与者，由艺术家、建筑师、设计师、技术人员、企业家和政府工作人员组成。2. 艺术的创新动力往往在"艺术"之外，正如德意志制造联盟宣称的，设计（艺术）与工业相结合。3. 现代主义流派的形成需要一个组织者和推动者，德意志制造联盟成就了现代主义。

深圳有没有学派？很多人说，现在没有。是否可以建设深圳学派？对比现代主义学派产生的过程，看看深圳是否是一个大时代背景下的场所？在这个场所中是否发生了一系列事件？这些事件是否正在形成一种精神？当这种场所精神成为共识的时候，或可说，深圳学派的建设时机成熟。

深圳处于改革开放的前沿，这是一个大时代背景。20世纪80年代初，由于对计划经济的盲目追随（有一种观点认为，理论上，计划经济是人类社会最好的经济制度。现实中，供需双方的高度集中，市场活跃度严重不足）导致社会发展停滞，改革开放就是要在计划经济中增加市场成分，通过细分市场，增加市场的活力。

我们再次回到德意志制造联盟。我们注意到，一方面，设计与工业相结合共识下的标准化审美方式，为设计和现代主义带来了新的生机。另一方面，我们又忽视了诺曼等人关于手工艺人与实用艺术的论述。诺曼的观点实际上提出了专业化分工，以及专业化分工后统一协调的问题。当时，这个专业化分工的观点在设计行业没有产生太大的影响，反而在其他工业领域发展创新后回馈了设计行业。这些有关组织行为的管理创新，具体细化为包括项目管理的项目经理（PM）、主创设计师（PD）和项目建筑师（PA）的专业分工，ISO9001质量管理体系，企业发展中市场、运营和技术三大块的专业分工等。换句话说，德意志制造联盟有两大理论贡献，标准化审美和专业化改造，前者是从设计行业推广至整个工业领域，后者是在工业领域开花结果后，回馈了设计行业，它们同属于现代主义风格的基石。改革开放前的中国，不论是标准化审美，还是专业化改造都处于比较初级的阶段，人们的认识还很模糊。可以说，深圳正是通过对这两者的实践，特别是后者，实现了深圳设计的整体提升。

为什么说标准化审美和专业化改造实现了深圳设计的整体提升？

在这个讲究个性的年代，标准化审美也许不被认为是创新……《营造法式》是标准化审美，"屋高一丈，出檐三尺"是标准化审美，西方建筑古典柱式构图原则是标准化审美，柯布西耶提出的新建筑5项原则是标准化审美。现代主义学派提倡"新材料、新功能、新形式、新结构、新工艺"，提倡"空间是创作的灵魂"，提倡"形式追随功能"、"少就是多"

等，这些都是标准化审美，也是创新。雅典卫城的伊瑞克先神庙、柯布西耶的粗野风格建筑和朗香教堂、日本的代代木体育馆、贝聿铭的香山饭店、阿尔瓦·阿尔托的乡土特色建筑等，是在这种标准化审美的基础上，结合当地历史文化的二次创新，体现了现代主义的蓬勃生命力。

深圳设计同样有这样的标准化创新，比较典型的是深圳住宅设计。深圳有较大的建筑师群体，他们熟悉现代主义风格的基本原则，注重功能和实用。这些建筑师分别在政府的建设管理部门、在高校、在房地产开发企业、在设计公司、在审图公司等，把这些原则体现在具体工作中。深圳房地产企业最先把这种标准化研究、建设流程引入设计中，提出向工业（索尼公司）学习，在一段时间内，是深圳设计的实际组织者和推动者。深圳设计公司编制的建筑设计技术措施、建筑面积计算规则，深圳高校出版的防水构造图集等是较早编制的同类文件，为提高深圳设计质量起了重要作用。深圳市规划主管部门组织编制的深圳市总体规划、深圳的工程设计评标管理方法、审图公司的设置、协会的继续教育培训等，同样，还有深港两地双城双年展、境外公司的精细化设计（如指引图设计）、协同设计和BIM的应用、绿色建筑的实践等，标准化创新无处不在，深圳住宅设计才得以达到一个新高度。

那么，专业化改造如何成就了深圳设计的繁荣？

20世纪80年代初，大多数人没有听说过项目经理负责制，没有听说过ISO 9001质量管理体系，没有听说过市场、运营（管理）和技术的分工合作，更无法想象三十年后设计和建造出各地功能多样、形式各异的建筑。印象中，当时比较好的建筑有广州白天鹅宾馆和北京建国饭店。那时候，中央电视台播放过一个电视连续剧《公关小姐》，与现在部分娱乐版的电视剧不同，基本反映了当时社会生活片段。至今还记得部分剧情，某厂经营濒临破产，通过公关小姐牵线搭桥，找到了合作伙伴或产品买家，工厂起死回生。

再后来，现实生活中，酒桌常常成为谈合同的地方。

为什么会这样？从计划经济体系下走过来的人们想不通。

答案是市场，市场多年被严重压抑，一点点沟通就可能达成意向。按照诺曼专业分工的观点，如果没有市场，严格执行计划经济的企业也许能够有效率地生产精美的"钉子"，却不能感知市场的变化。而"手工艺人"却能够感知市场的变化，生产出合适的"钉子"，虽然不那么精美和有效率。经过多年谁对谁错的争论，历史最终选择了市场，选择了需求，历史证明这第一步选择是正确的。改革开放之初的承包制不是市场经济，而是自然经济。计划经济与市场经济不是对立的，它们是一个整体。市场、管理和技术三者有分工又互相依存，任何一项缺位，其他两项也不可能健康发展。比如，没有市场，设计院内部三阶段设计管理可以做得很好，但是，外部资源整合及前期设计、后端施工配合却不理想。与市场关系不密切的技术做得很好，相反，与市场关系密切的技术就不完善，如立面精细化设计。同样，技术创新要求管理和市场的进步，展望BIM技术的发展对管理和市场的影响：1. 将催生产品型和产业型设计企业。2. ISO 9001质量管理体系部分作业文件需要调整。3. 各类设计软件关联度更高。4. 供方独占性市场细分将导致设计收费差异加大，设计公司专业化细分加快。5. 适合建设量减少的国情下精细化设计的要求。6. 出现后现代主义风格的建筑。其他如报建和施工配合等方面也会出现相应的变化。

深圳设计伴随着市场不断发展升级和繁荣。第一阶段：供方市场细分，带动需方市场细分，通过服务发现和培养新的市场需求，本阶段由市场主导。第二阶段：市场发展了，市场、管理和技术更需要耦合起来，需方新的要求推动供方管理整合。本阶段由管理主导。第三阶段：供方、需方的品牌逐步建立，专业化的设计公司开始出现，市场呈现多样繁荣。本阶段由技术主导，如：BIM和绿色技术，新型建筑工业化的推进，将更加深远地影响市场和管理。

改革开放初期，深圳汇集了各类设计公司：本地设计院和内地设计院深圳分院内部管理和技术好，重要项目的施工图常常由这些公司承担；境外设计公司关注客户的需求，在规划、方案设计和精细化设计方面有优势；私人事务所和"炒更"设计师最先选择承包制，选择了服务，类似于便捷式酒店的服务，要什么，满足什么，24小时响应。这种服务理念和承包制培育了初期市场（需方市场细分），新功能、新形式、新结构、新材料、新工艺逐步产生。如20世纪80年代初期，大量住宅、办公楼建筑都比较简单，一个蝶形户型平面很多地方都抄，办公楼功能也不复杂，有时候仅仅在楼梯上作一些变化，或者体型转折一下，业主方就挺满意了。供方市场的细分和服务理念，产生新的需求：可不可以多加些廊子，增加灰色空间；如果有个大厅就好，最好是个共享大厅，还要内外流动；有功能还要有空间序列，空间的形式最好推敲一下，等等。功能（需方市场）发展了，又推动了技术发展，如结构、材料和工艺等。

新的建筑需求和技术发展，促进了设计公司内部管理整合，项目经理负责制和ISO 9001质量管理体系开始成为大多数公司的选择。围绕客户服务的困惑也是这个时期经常讨论的问题，是便捷式酒店服务，还是五星级酒店服务？是利润中心模式还是成本中心模式？市场、运营和技术的管理开始要满足分工合作的要求，开始从个人色彩转向组织行为。如，以前办公楼建筑功能简单的时候，业主方怎么提要求，都复杂不到哪里去。后来不同了，各种各样的要求五花八门，有时候业主方内部还有不一致的观点，有些要求与进度、成本，以及与政府规划要求相冲突等。这个时候，顾客要求的评审成为很重要的事情，最初的服务理念和承包制开始受到了冲击，需要从管理创新中找方法。

最后，市场的繁荣促进了设计公司品牌建设，而为设计公司提供专业管理咨询的公司ADU也在2008年成立，其提出的设计公司五个专业化发展方向部分已经成为现实。如，研究绿色建筑的技术型公司，人数达到和超过两千人的生产型公司。建筑产品也比以前更为复杂多样，包括更加成熟的住宅设计、标准化的商业综合体项目、大型超高层项目等。

新型建筑工业化是一场设计与工业相结合的技术革命，是在"一带一路"和中国企业走出去，市场有了规模化和精细化的产品质量要求下提出来的，同时，还必将推动企业深化现代管理。20世纪50年代和80年代，我国曾经进行了两次建筑工业化尝试。当时，市场同样有规模化的产品要求，但是，传统的管理方式与市场、技术不能耦合并交替向前发展，没有成功。建筑工业化最难在转型！我们不可能期待一夜之间抛弃传统的建造方式，实现建筑设计标准化、构配件生产工厂化、施工装配机械化和组织管理科学化。纪颖波在《新型建筑工业化：建筑业的发展方向》一文中提出了现阶段我国建筑工业化实践中反映出来的四个问题：

1. 技术方面：在基础理论和实验研究，工业化建筑设计、构配件优质高效加工制作和专业化施工安装等方面均缺乏专门针对建筑工业化发展的技术支持。

2. 标准和规范方面：工业化技术与国内现行的建筑技术标准、规范不兼容，使得设计、审批、验收无标准可依，即使工业化技术的科研单位能够提供切实可行的实验数据证明相关项目可行，每一个项目还是需要通过专家论证，成为建筑工业化大规模推广的一个障碍。

3. 产业政策方面：企业发展建筑工业化，面临着前期投入研究经费大、社会资源缺乏、规模效应低、开发成本提高的问题，在没有国家鼓励支持政策的情况下，企业缺乏发展建筑工业化的动力。

4. 行业管理体制方面：现行的设计管理、招投标管理、施工管理以及构配件生产的管理，大部分环节适应于传统建造方式，缺乏针对预制生产技术的管理制度，严重制约了建筑工业化的发展。

以上4个问题中，前两个代表"技术"，后两个分别代表"市场"和"管理"。技术、市场和管理三者中，任何一项单独向前发展都会受到其他两项的制约，这就是转型的难题。

纪还提出三条工作方法和两步走方案：

1. 要让工业化的技术体系和管理模式在实践中逐步发展成熟；

2. 从房屋建造的全过程、全系统的角度整体推进，协调发展。重点推进工程总承包模式，通过整合优化产业资源来实现整体效益最大化；

3. 以技术创新为先导，研究和建立企业自主的技术体系和建造工法，这是企业的灵魂和核心竞争力。

第一步，到2015年，建立建筑工业化发展程度的完整评价体系和相应的政府统计标准；建立预制构件的建筑部品设计生产的标准图集和制品目录，完成预制装配式结构及节点结构设计规范，建立工业化住宅认定标准，在东部沿海城市或中心城市的经济适用房和廉租房建设中选择有条件的项目进行试点，建立相应的建筑工业化示范基地，改革完善适应工业化发展的工程建设管理制度，建立预制装配式施工专业分包的市场准入评审标准，在经济适用房和廉租房项目中，以混凝土预制化率表示的工业化率不低于30%，全部住宅建设不低于15%。

第二步，到2020年，完善工业化住宅认定标准，形成适应建筑工业化发展的完善的产业结构和成熟市场体系，形成一批能够工业化施工的工程项目总承包、设计施工一体化施工力量、部品构件生产企业，实现建筑产品节能、环保、全生命周期价值最大化的可持续发展；经济适用房和廉租房预制化率提高至60%，全部住宅建设达到50%，东部沿海大城市和中心城市基本实现建筑工业化，接近经济发达国家水平。

历史总是要不断向前发展。中国社会巨大的产能需要走出去，而大规模生产条件下需要提高产品质量的现实，必将推动技术和管理的创新。在新型建筑工业化提出之前，同样不断有追求大规模生产和精细化产品的需求，深圳房地产企业在住宅建设中的尝试、高速公路建设模式等，或可说，已经向建筑工业化方向迈出了一步。

2000年以来，市场对住宅建设提出了新的要求：楼盘越来越大规模的建设和产品精细化的质量要求，推动房地产企业转型。这种转型体现了市场、技术和管理在互动中向前发展。同时，由于整个社会还没有走出传统的建造方式，这种转型最终不可能自身深化为真正的住宅产业化。以下是大规模住宅建设中基本耦合的市场、技术和管理：

市场：大规模批量建设条件下的精细化产品。

技术：户型标准化、部品部件采购标准化、技术措施标准化、探索设计与施工一体化配合等。

管理：项目管理中心（部）和策划设计中心（部）的双重管理。

对于户型标准化，不同的房地产企业有不同的理解。一些企业精选出几种户型严格执行，通过不同的组合方式和总平面布置实现不同的产品特色；更进一步，通过不同的容积率研究，确定相应的总平面布置形态，再选择对应的标准化户型；更有房地产企业对各地建设用地进行地图式研究，把相关信息标注在每一块用地上，预先确定相应的产品定位，指导拿地和缩短开发周期。另外也有一些房地产企业，虽然也选择了标准化户型，但是，执行过程中偏差较大，往往因为争取更多的政策优惠、领导者个人偏好、市场短期变化等改变初衷。

房地产企业非常关注施工阶段，由于现阶段市场化还不够完善，一些有施工背景（或能够较好控制施工单位）的房地产企业，往往更能够把握设计与施工的配合，保证产品特色。

部品部件采购标准化、技术措施标准化受市场的影响较大，建筑材料、构配件市场以及施工过程等，均有多种不确定性因素。市场与技术的矛盾需要通过管理来协调。项目管理中心（部）和策划设计中心（部）的双重设置，有利于协调这种不确定性。项目部的工作方式常常被简单化为"成事原则",而策划部门的工作则倾向于制定标准和监督执行。有时候,这种"成事原则"被放大,产品品质(技术)就会打折扣;有时候,这种"成事原则"被压缩,工期和成本(市场)又会受影响。于是,我们可以看到,两种极端的房地产企业都没有生存下来,均衡发展并注重培育外部供应商,逐步提高标准化程度,整合设计施工一体化的房地产企业发展更好。

如果说住宅建设是从挣脱传统建造方式开始的,那么,高速公路建设模式则相反,受传统建造方式的影响相对较少。引进的技术、引进的管理,市场不需要培育就可以完全耦合。我们第一次上高速公路的时候,总会担心在错误的路口下了高速。这说明整体采用现代技术和现代管理建造高速公路不是问题,而是如何将高速公路通过匝道、快速路、主干道,最后连接贴近生活的支路,如何让高速公路的使用者接受"现代生活方式"的转换,如何实现"高速公路产业化",这些是高速公路建设之后,需要解决的问题。

技术引进需要面对市场本土化的要求,注册建筑师协会组织的继续教育防水课程举了一例:种植屋面引进耐根穿刺防水技术,德国的种植屋面采用滴灌技术,植物一次完成不再更换。我们的种植屋面受多种因素影响,如果经常更换植物,会致防水效果不理想。技术工法的引进与生活方式(市场)有关,或者吸收其原理、改进工法(技术)。是否可以用细石混凝土代替耐根穿刺防水卷材?如果实验成功,发展出成套技术工法,防水效果就会有较大的提高。大量这类技术工法的引进、优化,将推动建筑工业化健康发展。

建筑工业化本质上就是创新,它有自身的发展规律。

1. 制定标准,分解步骤。在加强与世界的交流的同时,学习他们的市场、技术和管理经验,选择、引进和优化为我们需要的成套技术体系。

2. 循序渐进,曲折向前。整合引进的市场、技术和管理中不耦合、不完善的部分,通过不断努力,从传统的建造方式转型为现代工业生产和生活方式。

3. 熟能生巧,发展创新。当现代工业生产和生活方式成为整个社会共识的时候,通过信息化"市场"创新的工业化4.0也就到来了。

新型建筑工业化采用现代标准实现大规模的批量生产,当这种现代标准与传统有机地联系在一起,成为社会生产和生活的组成部分的时候,就成为新的"传统"了。高速公路建设模式无疑是成功的,它的另一端连接的是魅力无限的城市设计;建筑工业化也一定会成功,因为,它的另一端连接的是丰富多彩、创意无限的社会生活。

现代主义学派在各个方面,特别是在思想上,将德国从手工业生产和生活方式转型为机械工业生产和生活方式,德国制造至今还是各国学习的标杆。"一战"结束后,部分受过现代主义思潮洗礼的人们,来到了美国,带来了现代主义,也带来了繁荣。20世纪80年代初,中国社会的精英们感受到第三次浪潮的冲击,惊喜之余,认为可以跨越工业革命直接过渡到信息革命时代。三十年过去了,虽然信息产业取得了很大的成就,但是,如果有了先进的制造业,信息产业的成就将更大,工业革命不可替代。也就在同时代,后现代主义最终也没有取代现代主义风格,工业革命和现代主义的核心内容依然影响着社会生产和生活。

深圳设计在不经意之间,为改革开放后的中国社会传播了现代主义精神。但是,现代主义还没有成为全社会的普遍认同,建筑师是系统学习了现代主义历史的群体,有义务把这种标准化审美和专业化改造的理念传播出去。注册建筑师协会不仅仅要推动建筑设计的创新,更需要带动整个行业用共同的现代主义理念创新,甚至,用现代主义理论与社会各界共同完善已经开始的工业化变革。回顾中国近现代历史,很多大大小小的悲剧都与没有从"手工业"生产、生活方式(小农经济)转变为机械工业生产、生活方式的思维有关,建设深圳学派,就是要把现代主义思想与中国工业化实践结合起来。

中国汽车露营营地设计研究

李宇春

深圳市清华苑建筑设计有限公司 建筑师

摘要：

汽车露营营地，在中国还是一个新兴的事物，本文希望能通过对国内汽车露营营地的发展及设计进行分析，研究符合中国国情的汽车露营营地发展模式及其设计方向，为国内的汽车露营营地的设计及开发提供借鉴和参考。

在对汽车露营营地进行分析研究之前，还是应该先简单介绍下汽车露营营地的基本知识。汽车露营营地就是在户外，可供人们使用自备露营设施如帐篷、房车或营地提供租借的木屋、房车等外出旅行居住、生活，配有运动游乐设备并安排有娱乐活动、演出的具有公共服务设施，安全性有保障的娱乐休闲小型社区。

一、汽车露营营地设计特点

（一）选择合适的汽车露营营地位置

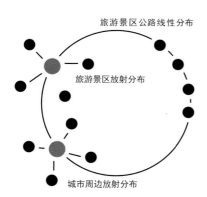

汽车露营营地的选址要从考虑客流来源出发。在满足风景优美、交通便利的前提下，尽量选择平整的，合理的场地进行布置。

常见的汽车露营营地选址主要有以下几种方式：

营地分布在城市周边，以满足城市人群短距离露营的需求。如国内的芜湖龙山汽车露营营地。旅游景区周边放射分布：露营营地依托旅游景点的资源，带动营地的旅游消费，形成旅游休闲片区。如国内的武夷山自驾游营地。旅游景区沿公路线性分布：沿着通往景区的公路两边分布汽车露营营地，与景区形成连续的旅游休闲带。如驻马店嵖岈山汽车露营地。

（二）组织营地各个功能分区合理分布

国内常规汽车露营地功能主要分为综合服务区、露营区、休闲娱乐区三大区域。三大区域即各自独立，又相互紧密联系。

功能区	主要服务项目
综合服务区	预订、购物、餐饮、医疗、租赁、汽车保养、信息服务等
宿营区	独立的房车营区、轿车露营区、帐篷露营区、木屋、树屋等
休闲娱乐区	垂钓、烧烤、采摘、攀岩、自行车骑行、汽车运动及水上乐园等

汽车露营营地的布局方式受到营地的自然地貌、植被等影响，尤其是在一些位于山区地区的汽车露营营地，要求必须满足汽车能够顺利通行的基本要求，规划时候应结合地形地貌和自然资源考虑分区布置。常见的布局方式是将综合服务区布置在项目的入口及中心区域，沿着中心区域放射式分布露营区和各个娱乐区域。这样布局有利于合理组织交通，服务区到各个区域的流线最短。但是有的山区露营地由于常常只有一条道路，营地各个功能区域需要按照道路线性布置。这种方式结合了地形因素，使得交通组织非常简洁明了。缺点就是服务流线会偏长。各种布局方式都有其优缺点，在设计中应结合实际地形地貌，确定合理的布局方案。

二、评级标准

汽车露营营地各国各地区的评级标准都各不相同。美国分为一至五级；法国分为一至四级；我国台湾则只分为初级、中级和高级。

2013年我国颁布了第一份有关汽车露营地的国家标准——《汽车露营营地开放条件和要求》。此标准由国家体育总局发布，2014年1月1日实施。其中就明确了我国汽车露营营地星级评定分为五个星级，各星级汽车露营营地应满足本星级要求，同时还对各星级要求做出了明确的规定。汽车露营营地星级评定由中国汽车露营营地评定委员会组织评定。

三、国外汽车露营营地现状

美国、欧洲旅行房车较为普及。美国一年的房车生产数量都超过了30万量，房车生活已经深入每个家庭。在美国，房车消费主要目的是进行旅游、钓鱼、打猎等休息活动，同时房车更适合美国退休人群，美国老人并没有照顾小孩的习惯，他们有足够的时间、积蓄来购买并使用房车。房车的销量增长和房车的技术发展，推动了国外露营地的发展。

目前汽车露营营地在国外已成为非常流行的旅游项目，在发达国家有着广泛的爱好者。在国外，露营营地已有百年的历史，坐着房车旅游已成为欧美人生活休闲的一部分。在发达国家，人们周末会带着家人、孩子一起到汽车露营营地进行户外活动，就如国内人们去公园一样，成为生活不可缺少的一部分。

四、国内汽车露营营地现状

汽车露营营地在中国，还是一个新兴的产业，刚刚起步。目前，国内野外露营主要以帐篷为主。而真正的汽车露营，在国内还是一种高端的生活方式。

从露营的人群来看，国内目前露营营地主要承接商务考察、会议接待、剧组拍戏等消费人群，家庭旅游休闲的还是少数，这大大制约了汽车露营营地的发展。

从地区分布来看，我国目前汽车露营营地主要消费承载力多集中于长三角、珠三角及环渤海地区，选择北京、天津、杭州、深圳、广州、上海等特大城市和周边地区，以能够保证旅游客源。

露营房车数量来看，国内很多汽车露营营地仍然是以自驾小轿车到目的地，居住出租的木屋、房车为主。并非传统意义上的自驾房车露营。这与我国房车价格过高，交通法规对房车没有出台相关的对应管理措施有关。国内房车生产商如中天、长城、五洲行等，并非其产能技术不行，而是国内房车消费不足，房车文化，房车的上路受限等诸多问题，使得房车销售转向海外市场。

从传统观念上看，汽车露营生活是一种漂泊的生活，这也制约了汽车露营的人数，影响了汽车露营营地的快速发展。

虽然国内汽车露营营地有着种种的缺陷和不利因素，但是随着中国汽车文化的深入人心，汽车露营生活将会渐渐地进入到寻常百姓家庭，这个速度将会随着中国汽车工业的迅速发展而加快。

龙山照片 1

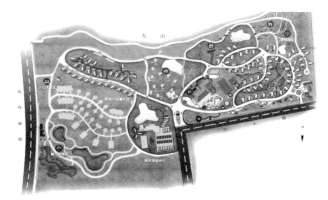

龙山总图

龙山照片 2

龙山分区分析图

五、国内案例分析

国内汽车露营地的发展仍然处于国外发达国家汽车露营地发展的初期阶段。接下来我们以芜湖龙山房车露营地和驻马店嵖岈山汽车露营地为例，介绍和分析国内汽车露营地设计特点。

（一）安徽芜湖龙山汽车露营地考察分析
（参观考察项目）

1.优越的地理位置

龙山汽车露营地在选址前，对其项目进行了充分的研究，将其定位为城市周边区域的休闲放松场所。营地位于芜湖市凤鸣湖北路8号，占地300亩。距离芜湖市区仅仅15km的车程，市区内驱车前往仅仅需要20分钟左右时间，交通便利，是安徽首家汽车露营地。同时其场地依托龙山公园，面向凤鸣湖，环境优美，有着优越的自然条件。

2.合理的分区布局

由于整个场地较为平整，有利于营地的合理布置。营地以会所为中心服务区，均匀分布各个功能区。靠近会所和入口区设置了公共活动大草坪、房车及户外产品展示中心。在周边均匀地分布了木屋区、出租房车区、自驾房车区。在休闲娱乐项目上，营地采用了分散布局的方式。将森林探险、篝火烧烤、少儿活动区分开设置在营地的各个端头，其目的是希望各个区域都充满活力。但其弊端是活动区过于分散，不利于管理和游玩。

3.符合中国国情的项目设置

由于国内目前房车消费市场冷清，拥有房车的人群不多。在龙山汽车露营营地的设计上，设计师通过市场的分析，减少了自驾房车营位的设置。从现场的运营来看，自驾营位使用率相当低，这与设计初衷是相互吻合的。同时龙山房车营地与奇瑞汽车品牌相合作，在景区展览区设置了奇瑞产品展示区，既可以给游客展览观光，又可以成为奇瑞品牌推广产品的宣传栏。

总结芜湖龙山汽车露营地可以看出国内汽车露营地现状的几个特点：

（1）自驾房车销售惨淡，自驾房车区几乎无车停放，甚至在整个营区里。除了展示中心外，很难看到一辆正在使用的自驾房车。

（2）汽车露营仅仅为噱头，木屋产品受欢迎度高。

（3）无法在不下车的情况下办理入营手续。

（4）除了主入口提供了公共停车位，其他区域没有公共停车位，不方便驱车游玩。

同时我们也看到了中国汽车露营地的进步。芜湖龙山汽车露营地设置了大量的拖挂式房车出租。以目前国内房车价格偏贵的情况下，通过出租房车可以让人们体验国外汽车露营的生活。在每个房车营位中设置了一个私家车停车位，同时还设置了自来水水源、太阳伞、烧烤台等配套设施，让人们可以体验一番"住房车、吃烧烤、数星星"的惬意户外体验。

（二）驻马店嵖岈山汽车露营地设计分析

1.沿风景名胜区周边选址

驻马店嵖岈山风景区风景秀丽，景区周边也是

嵖岈山方案总平面

怪石林立。依托风景区原有的交通条件，原有美景资源，使其具备了开发运营汽车露营地的资本。

2.以河为界，合理分布功能区

营地设计分区时，首先考虑到场地内的河流。将河流南侧靠近道路区域设置为公共开放区域，设置以旅游度假为主题的商业。河流北侧与山南侧间，设置汽车营地、生态度假营地、休闲农业体验区。河流南北动静分区。

3.根据自然条件合理设置旅游项目

汽车露营地设计中，应当结合场地原有地形，合理分布设置功能。在嵖岈山汽车露营地的设计中，靠近道路区域便于经商，设置了旅游商业区；中间场地平整，适宜设置汽车露营区，同时结合河南省农业大省的特点，设置农业示范基地等功能区；北面结合原有山地，树林设置攀岩、真人CS项目；西面山体坡度较缓，适宜开发木屋别墅、山顶热气球。几乎所有的角落，能利用起来的地块，都结合其本身的特点，设置了合理的旅游活动项目，做到了场地物尽其用。

4.以人和车为本的细节设计

汽车露营地设计中，要体现以人为本，也要

嵖岈山功能结构

体现以车为本。各个成功和失败的设计小细节，都会给旅客带来愉悦和身心不适的巨大差距。嵋岈山房车露营地在设计上，充分考虑自驾游旅客的入住体验。在交通流线的设计上，提出了不下车即可办理入住并购买各区门票的便利服务，真正做到一站到营位，免去自驾游司机来回停车办理各个手续的麻烦。同时也结合自驾游客为主的游客特点，在营区内设置大量的停车观景台，方便开车旅客停车观景。通过设计，对车主各个小细节的关怀，吸引更多的自驾游客前来度假消费。

六、结合国内现状总结汽车露营地设计应注意要点

通过以上对国内汽车露营地的研究分析，建筑设计师在设计汽车露营地时，更需要注意以下几点：

（一）提高汽车的通行便捷性。不宜过度限制汽车行驶范围。

汽车是露营地的重要对象。这是汽车露营地有别于别的旅游产品的本质。汽车露营地就是能让游客方便驱车前往，并通过汽车方便携带露营设备，通过汽车可以方便到达任何观景区域，这才是汽车露营地最方便的地方。如果一个汽车露营地没有足够的停车空间、各个景点都需要步行或者换乘公交系统的话，就失去了汽车露营的优势。因此在场地规划过程中需要重点提升汽车的便利到达性。

（二）给汽车提供方便的补给，不仅要考虑以人为本，还要思考以车为本。

配套方面应提供方便的汽车维修、汽车保养服务，给驱车前来的旅客方便的汽车服务。

（三）交通流线上做到不下车也能轻松游玩各景点或直达露营点，提高汽车的使用率。

为提高旅客的便利性，在入口处设置不下车即可办理营位、木屋等入住手续。司机在车上既可以通过窗口服务完成入住手续，然后驱车前往指定的营位、木屋前停车，入住。国内目前营地仍然是让旅客停车后步行到服务厅办理手续，然后返回汽车开车前往营位。有的营地并非每个木屋提供独立停车位，仍然需要旅客将车停到公共停车场再前往，这将大大降低了旅客旅行的便利性。

（四）根据我国国情适当合理地分配自驾房车、出租房车以及木屋的数量。

在我国自驾房车仍然不普及的情况下，自驾房车营位的数量设置不宜过多，以免造成过度的空置和浪费。目前国内房车露营营地的消费仍然是以出租房车和木屋为主。

（五）分区布局及设置活动项目时，需结合场地、当地气候条件等因素合理布置。

在设置活动项目的过程中，应选择最适合场地的项目。靠山则可以选择以山为主题的项目，靠水选择水上游乐项目。不应当盲目地在没有水的地方设置过多的水上项目。营地的设计过程中应当充分发掘场地的潜在独特优势，开发出最具特色的旅游项目。

中国房车露营地经过了十几年的发展，已经初具规模。希望在不久的将来，中国汽车露营地也能像欧美发达国家那样发展壮大，给人们提供更加方便、更加舒适的户外露营休闲娱乐场所。也希望可以通过以上的分析研究，能够给新的房车露营地在规划设计上，提供宝贵的经验和设计依据。

参考资料：

1.罗艳宁.汽车营地规划设计方法研究.《中国园林》杂志.《园林》出版社，2008

2.吴必虎.《区域旅游规划原理》.中国旅游出版社，2004

香港安老服务体制特点解析及对内地社会化养老的启示

于克华　　沈晓帆

何设计建筑设计事务所（深圳）有限公司

一、香港社会的老龄化问题

20世纪80年代初期，香港65岁及以上老年人口占总人口比例超过7%，进入老龄社会。根据香港政府统计处推算数字，2016年香港65岁及以上老年人口占总人口比例将超过15%，至2041年，更将达至30%，城市人口快速老龄化。现在，香港已成为世界最长寿地区。香港特区政府财政司司长曾俊华表示：人口持续、快速的老龄化带来劳动人口比例降低、经济活力下降、增长动力放缓等社会问题，对政府收入和公共开支的可持续性将产生深远影响。

二、香港老年社会福利制度的演变及架构

20世纪60年代以来，香港社会福利对象开始由"补救型"向"补救与普救兼顾型"转变[1]，"照顾长者"逐渐成为政府策略性施政方针。总体来说，香港老年社会福利大致可分为两类：经济援助和直接服务。由于强制性退休金计划2000年才开始实施，因此，香港老年社会福利更倾向于安老服务提供。在安老服务体系中，社区服务和院舍服务是两大支柱，两者相互衔接和配合，为老年人提供无间断的持续服务。近些年来，在对既往服务体系全面反思的基础上，香港不断推动安老服务的综合化，提高服务的成本效益，"去院舍化"和"社区照顾"成为新的发展动向[2]。

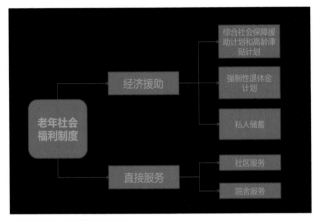

香港老年社会福利制度架构图

三、香港安老服务体系特点解析

经过几十年的发展和完善，香港社会已经形成了一套兼顾社会发展和养老需求的安老服务体系。以下为笔者从运作机制、服务提供、资源利用和质量保障四个方面对香港安老服务体系进行特点解析。

（一）多方参与的协作机制

香港安老服务体系最大的特点在于政府主导下的社会化，安老服务主要是通过政府与非政府机构之间的伙伴关系而提供的。政府负责制定服务政策、拟定发展路向、申请拨款、监察非政府机构的服务表现以及向市民直接提供法定及核心的福利服务，直接福利服务以公开招标与竞标的形式外判给非政府机构，以发挥非牟利机构与私营安老院舍专

业程度高、应变能力强的优势。相对以上典型的购买服务方式，遍布香港社会的义工服务日益成为安老服务的有益补充。香港安老服务协会等行会组织除了关注安老服务机构的运营，也积极参与政府安老政策的研究和制定，在政府与服务机构之间起到很好的桥梁作用。与此同时，香港社会也注重发挥老人积极参与社区的角色，推动社会大众共同建立充满关怀的社区。

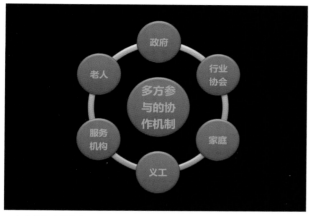

多方参与的协作机制示意图

（二）无缝衔接的全面关怀

安老服务由社区服务和院舍服务构成。社区服务包括中心服务和家居服务两大类，为社区里居住的老人和护老者提供一系列服务和支持，满足长者留在家中安老的意愿，使老人能在熟悉的环境中安享晚年。院舍服务的目标是为不能在家中居住的

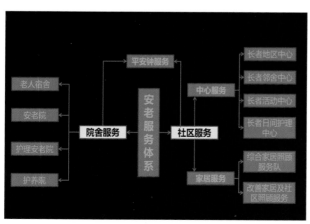

香港安老服务体系功能构成图

长者提供院舍照顾服务及设施，尽量使入住的长者保持健康状况，并协助他们应付不同的起居照顾需要和日常活动，满足入住者的社会心理需要，以及促进入住者之间的人际关系。从服务的连续性方面看，社区服务和院舍服务相互衔接和配合，使老人可以随着情况的变化得到全面且持续的照顾。

（三）综合高效的资源利用

近些年，香港社会意识到提高福利质素的关键在于提高福利的成本效益，而提高成本效益的关键在于福利资源的有效整合[3]。香港通过以下制度设立和政策调整来促进养老资源的高效利用。

1.机构整合与相互补位：安老服务牵涉众多部门的工作，香港安老服务整合的重点是尽量减少机构重叠，以使有限的专业人手得到更充分的运用。同时，也通过部门之间的相互补位避免服务设施的重复建设和服务人员的冗余。

2.社区优先与整体优化：香港的安老政策鼓励在社区内安老的理念，将安老服务的重心向社区服务前移。通过社区服务的综合化变革重新整合和优化社区内安老、护老的资源，减缓老年人衰弱的速度，延缓老人对高资源占用的院舍安老和医疗服务的需求。

3.院舍改革与服务重组：为提高成本效益，福利署对院舍服务类型进行了优化组合，自2003年起减少对单纯居住需求的满足，把资助这些宿位的资源投放在护理安老院和护养院中。院舍改革的思路使资源配置与需求等级相匹配，保证了有限的资源可以用于最有需要的老人身上。

（四）多管齐下的质量保障

1.服务表现监察制度：在院舍的运作和管理方面，社会福利署在1997年建立"服务表现监察机制"。政府透过制定明确的服务表现标准和系统的评估机制，确保福利界能提供优质的服务，达到"以人为本、讲求问责、着重成果。"

2.市场购买服务机制：香港的安老服务提供采取的是典型的购买服务方式，政府资助是大多数非牟利机构及部分私营机构的主要资金来源，因此，可以保证服务收费维持在成本水平，降低了服务购买的门槛。同时，政府通过经济援助机制为老年人提供现金保障和服务资金支持，为安老服务的市场化运作注入活力，使老人成为平等的市场参与者，即在服务前具有选择权，在服务后具有评价权。市场化运作的服务购买机制使老人的意见受到重视，为服务质量的改善提供必要的基础，也为服务理念的更新提供可能性。

3.社工培训晋级机制：香港政府高度重视安老服务的专业化。其完善的社工培训机制和通畅的晋级机制，既强化了专业社会工作人员的职业素养，也提高了安老服务专业人员的职业荣誉感和社会地位，为服务质量的保障提供了坚实的基础。

四、对内地社会化养老发展的启示

内地现在正致力于"社会福利社会化"改革，2013年9月国务院发布的《关于加快发展养老服务业的若干意见》明确鼓励社会资本进入养老服务业的发展，以实现从国家责任本位向社会共同责任本位的转变。香港与内地虽处于不同的发展阶段，但是其社会化的服务提供和市场化的运作模式，对于我国养老体制转型过程中诸多问题的破解具有一定启示作用。

（一）推进市场化的资源整合：在养老机制转变的过程中，市场化要求重新定位政府及社会参与者在体系内的角色与职责，以实现公私双方资源与责任的转移和承接，实现对等的权利和义务关系。一方面，以"小政府、大社会"的思维，引入社会参与者，以市场化运作机制提高政府掌控的养老资源的经营活力和运作效率，减轻政府的服务成本和经营压力；另一方面，推进公共服务和社会资源向社会化养老服务的延伸，提高社会化养老与公共资源的对接和融合，降低市场化养老的发展成本，破除社会化养老的发展瓶颈。

（二）探寻轻资化的养老模式：现在，社会化养老探索受制于高企的土地成本和配套成本，为达至合理的资本回报，产品多属于面向中高端消费人群的小众化产品。未富先老是中国老龄化的显著特征。占人口大多数的大众阶层尚未有足够的经济能力去消费此类高端产品。面向社会大众阶层的社会化养老还没有成熟的发展模式，探索市场化条件下轻资产运作的大众养老模式成为日益迫切的问题。

（三）建立网络化的空间布局：针对中国"家"和"孝"的文化背景，为使老人能在熟悉的环境中安享晚年，就近养老是社会化养老的优先选择。因此，社会化养老服务设施要根据城市社区的空间分布进行网络化布局，在旧城区改造已建楼房补充养老服务设施，在新城区拨出土地同步建设养老服务设施，提高养老服务设施网点密度，引导养老服务设施与城市社区建设同步发展，满足长者期望留在家中安老的意愿，真正发挥社区在居家养老和社区养老方面的依托作用。

中国养老事业的发展任重道远。以上举措的提出，旨在实现社会化养老的轻资产化运作，将大众养老的重心转移到服务提供和亲情关怀的本质上来。

参考文献：

1.老年社会福利的香港模式解析.刘祖云，田北海.《社会》.2008年：第1期

2.整合与综合化——香港养老服务体系改革的新趋势及其借鉴.丁华.《西北人口》.2007年：第1期

3.近代以来香港老年社会福利模式转型的制度意义分析——兼论对内地福利制度改革的启示.田北海，张晓霞.《江西社会科学》.2008年：第2期

细则求精、精而有道

——从设计中再塑医疗环境

沈晓帆　于克华

何设计建筑设计事务所（深圳）有限公司

以往在医院设计中，业主和建筑师较注重功能的实用性，常常忽略了医疗环境的营造。现在社会重视公共建筑的社会性，将医疗建筑融入城市空间的肌理中，面向社会，形成较开放的空间，使过去较封闭的医院能成为一个愉悦的城市公共场所。医院对患者心理有负面影响，使患者在医院有种压抑和不愉快的感觉，如何营造良好的医疗环境，从用户的医疗体验为出发点，使医疗过程成为患者一种良性的生活体验，让患者感受到关怀和尊重是现代医院设计的新思路、新方向，这也可以提升建筑师的社会责任感。

整合新旧医疗功能

中卫市人民医院扩建工程预计2015年底竣工，这是一个各种新旧医疗功能整合的项目，扩建项目的规划分为二期建设，整个用地位于原医院北区，总建筑面积为88600m²，其中一期由一栋高层的康复体检中心，精神卫生科和低层的高压氧舱楼组成，一期建筑面积为34172m²，二期由传染病楼、肾病综合楼、高层肿瘤大楼、医技楼及新的住院部、科研楼组成。二期建筑面积为54428m²。扩建部分除了保留了原门诊部、急救中心、住院楼的功能外，对其他功能进行了扩建和改造。医院大门依然从鼓楼西街进入，主入口预留花园广场和地面停

车场，沿门诊部和急救中心设置了一条医疗主街，两边布置医技大楼、住院部、核医院楼等。各栋大楼正南北布局，前均布置绿地花园，以改善整体医院外部空间的生态环境。车行线可由南边鼓楼西街和西边的三和路进出，并在医院内设置两条南北向7m的双车道作为园区路，使交通道路形成环线，后勤流线从北边市政路出入院区，避开医疗主动线，

总平面

以确保人货分流，洁污分流。人行系统主要从鼓楼西街进入，保证门诊部、急救中心等人流量较大功能布置在主出入口，人流再由扩建的医疗主街进入医院区的各医疗大楼。

扩建部分的功能分区

一期扩建的功能包括体检中心（2823m²）、康复中心（4836m²）、内科住院部（12868m²）、精神卫生科（4424m²）及高压氧舱（1006m²）。涉及医疗、医技和住院等诸多用途。用途并非一类，使用特性差异较大，特别是精神卫生科的整套系统要独立成区，自成一体。

针对本案不同的功能要求，我们将这五大功能分别按低、中、高区来布置，低区一、二层布置体检中心和高压氧舱，各设独立的出入口。中区3～5层布置精神卫生科（含80个床位），独立出入口设在本首层的北面。6～14层布置内科住院部（含414个床位）。高区15～18层布置康复中心（含100个床位）。

在首层的中心大厅内垂直交通采用6台病床梯给内科住院部和康复中心全区使用，另外2台病床梯专供精神卫生科，设在西北面的大厅内。一部后勤专用电梯兼消防电梯层层停靠，并在首层有直通室外的出入口。住院部药房内设一台医用货梯。与地下一层库房连通。所有垂直交通核均布置在大楼的北侧。

再塑生态医疗环境

如何利用有限的资源、有限的空间再生良好的医疗环境是本案的重要课题，在首层大堂入口处外围布置一个花园广场，并结合交通布置了一个环形喷水花坛，既可疏导车行交通、形成环线，又有绿化和喷泉，使患者在医院园区，就感受到花草景致，缓解了紧张不安的情绪。首层体检中心由门厅、候诊区和体检区组成。中厅布置了一个中心花园，体检中心的各医疗功能围绕花园布置，既形成"回"形外廊，又形成了一个景观回路。中心花园内设一楼梯直上二层的体检中心。二层体检中心由体检区和办公区组成，体检区布置在中心花园周围。将医疗空间开放成更像自然生态的公共环境，生态化的氛围既改善了医院的环境，也缓解了病人紧张的情绪。体检中心一层包括X光室、B超、心电、血压、生化检测等功能，二层包括内科、外科、眼科、心肺、红外线、妇科、动脉检测和骨质检测及听力等功能。

精神卫生科自成一体，既保持了有效地隔离医疗方式，又营造了良好的医疗环境，自然的空气、阳光、植物，对患者来说一切都是真实的感受。

独立首层入口大堂两台医用电梯直通精神卫生科专区，3～5层的精神卫生科由病房区和医疗区组成。病房区在4～5层，共有80个床位，均布置在南向，面对屋顶花园，使病房有良好的日照要求和绿色生态景致。各层分病区流线和医用流线，病区流线由一个内廊将病房区、活动室和户外活动区连接，内廊中部由护士站控制，可以监控到各病房区

精神卫生科屋顶花园

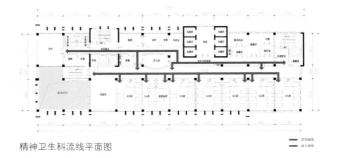

精神卫生科流线平面图

及活动室的出入情况。标准层的北边集中布置了医疗区、值班、会客、备餐、办公及设备后勤区，还有竖向电梯系统、疏散楼梯、货梯等，这部分功能有一条医疗专用通道连接，作为医用流线。使医生与患者分开。形成高效的医疗管理流线系统。并在三层的医疗区将图书室、音疗室、体疗室、多功能厅、工疗室均朝南设置，可以看到花园景致。

在精神卫生科的专区部分，西边设置了一个3层高的阳光中厅，由竖向楼梯将三、四、五层与裙房屋顶绿化连接起来。裙楼的屋顶约450多平方米，配有休闲小径，活动场地和桌椅板凳，树木花草应有尽

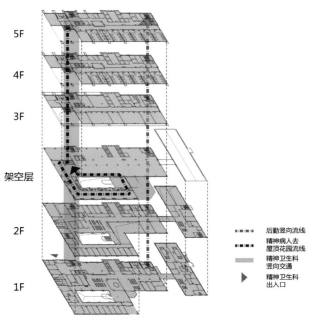

精神卫生科竖向分析图

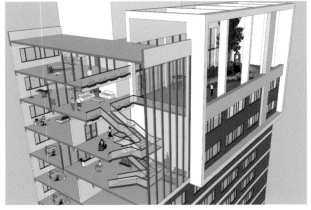

康复中心空中花园

有，使精神病患者能放松身心，体验天然的阳光，感受愉快的景观环境。让病人在生理上恢复健康，在心理上恢复平静，使各病房区都能看见后花园，给室内带来绿色景致。使患者感受到自然关怀和人格的尊重。并利用三层下的架空层，与屋顶花园结合，使整个屋顶花园形成风雨联廊的回路流线，患者由阳光中厅进入花园，再由休闲回路窜过架空花园回到阳光中厅。

在康复环境方面，本着"功能锻炼、全面康复、重返社会"的原则，先要注重患者的环境体验感，寻找利于患者康复的环境元素。要注重病人的诊疗体验，围绕"以患者为中心"的新式医疗服务进行环境设计。

康复中心设在大楼的高区，由4层标准层（自然层）组成，分为住院区、治疗区、设备后勤区、训练区。由一个4层高的中厅连通。病房区有100个床位，全朝南向，治疗区主要功能包括：候诊区、诊疗室、高频室、低中频室及言语训练室，另外还有牵引室、按摩室、体疗室。在中厅布置了休息区、活动区，每层中厅处均有护士站控制。中厅内布置了竖向楼梯，形成上下层的内部交通。十七、十八层主要为训练区和治疗区，以中厅和空中花园为核心，布置了语言训练室、脑神经训练科、运动训练科、康复评估训练娱乐中心及治疗区。在这个250m²的空中康复花园内，设置适当的活动器材，可配合户外体疗，使病人适度活动一下，能体验到天然的阳光、绿色的植物和流动的水景，营造出对身心积极有益的环境氛围。

总之，为改善患者的体验，中国的医疗服务正以医学专业分类的传统模式，转向以患者为核心疗程的模式。打破门诊、医技和住院的布局方式，将用户的医疗体验、康复环境放在第一位。建筑师也应从注重医院的功能设计转向从设计中再塑医疗环境，使医院摆脱较封闭的形象，成为城市公共空间的一部分，使医生、患者在这种过程中有一种良好的医疗体验。使纯医疗功能的医院向社会化、世俗化、公建转型。

商业基因重组

朱妮娅　　张文裕

何设计建筑设计事务所（深圳）有限公司

摘　要：在当前商业界呈现"拐点"之际，提出了如何改变商业模式的新方法。提出hpa商业设计"四个最"原则。并结合实际工程案例"新疆乌鲁木齐欧亚贸易中心"阐述了hpa在实际设计项目中运用的成功商业设计手法。

关键词：商业模式、体验式商业、主题性、地域性、社交性、空间互动、全龄层、多维度、一体化

1.契机

近年来各大购物中心同质化竞争日益激烈，同时遭遇电商迅猛崛起，传统商业受到巨大冲击。格林木购物中心董事长铃木先生说："把商品陈列出来，挂一个POP宣传一下就把商品卖出去的日子已经结束了。"原有的商业模式已经走到了瓶颈，在呈现"拐点"之际，商业设计必须采用"基因重组"式的全新模式来替代。

2.如何改变商业模式

结合最近成功的商业案例，我们不难看出新的商业模式的一些鲜明特点。

2.1　主题性

即在传统商业中注入文化、娱乐、休闲等不同复合式主题，避免商业的同质化。有了一个鲜明的"话题"，主题商业就有了"灵魂"，有了独特的生命力。这也是主题商业区别于其他零售业态的关键所在。提到此特性，上海K11、新天地这两个以"文化"为主题的项目早已被奉为业界经典。

2.2　地域性

挖掘当地传统特色，打造地域性的标识，体现文化传承。成都太古里是近年来又一时尚地标。它最大的特点就是将传统中式川西建筑风格建筑打造得极度精致时尚，颠覆了大众对于传统中式建筑衰败、破落的印象，非常好地诠释了"古"与"今"的融合。地域性成就了成都太古里的独一无二。

2.3　社交性

打造人与人、面对面的交流平台，打造体验型商业。体验型商业是通过将各种体验类的消费业态和零售业态，以一定的配比结合在一起，通过体验式消费增加人气，带动零售发展。新的商业已经不仅仅是一种生活方式，更是一种生活态度。即要把商场建成大家乐意来玩的社交场所，让人们在玩的过程中产生消费行为。

3.hpa对体验型商业设计的诠释

结合近几年做的商业项目案例，hpa总结出商业设计中一些新的理念，即我们简称的"四个最"设计原则。

3.1　最大化提升每m²的体验值

商业价值从每平方米销售量演化为每平方米的体验。尤其在中庭、过道、屋顶空间以及卫生间前等候区等部位重点打造。中庭是商业建筑中最吸引人的地方，这里就是整个建筑的心脏，时尚的舞台。每个中庭或广场，都是一批店铺的绝佳展示面，也是打造不同主题聚集人气的核心位置。过道空间、屋顶空间是可以增加体验感的重点区域，也可以随时转换为展览或短期出租的摊位。不仅可以增加体验，也可以增加商业价值。公共卫生间的门口可以因为等候人群而成为一个有趣的空间节点，往往预留放置座椅、滚动广告的位置，能给人留下深刻的印象。

3.2　最大化打造全龄层商业空间

打造全龄层社交平台，吸引不同年龄层个体。营造"Lifestyle Center"，提供从早到晚、从工作到生活的一切元素。它不仅是孩子们的乐园，更是年轻人的浪漫约会地，还是中年人和老年人的放松、享受之所。

3.3　最大化利用全新购物模式

如打造实体化的O2O购物模式，在商场设置线上购物的线下实体商务（Online To Offline）。如线下服务就可以用线上来揽客，同时把线上的消费者带到现实的商店中去。传统企业要想完全涉足电商，也需要通过一种商业模式敲开电商这扇门，O2O商业模式就是最佳的选择。有一个案例就是商场将LED屏幕租给不同的商家，用最小的面积创造了一些有效的销售店面。

3.4　最大化拓展广告空间

商业立面设计中，广告位及店招位置是非常重要的一个环节。广告可以提升商业氛围，聚集人气，商家也需要广告提升经济效益。最大化拓展广告空间及立面快速可变越来越成为一个新的趋势。例如，使用投影仪投影到墙面的广告，也是一种新型环保又快速可变的投放广告新方法。

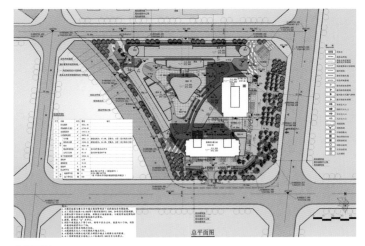

总平面图

沿街透视图

4.hpa案例简介

下面就结合hpa正在进行中的设计项目——乌鲁木齐欧亚贸易中心为例，来介绍一下hpa在商业设计方面的一些体会。

该项目位于新疆乌鲁木齐市高铁核心区西南角，东邻玄武湖路，南邻天柱山街，西邻丹霞山街，北邻维一路。建设用地面积2.47万m²，含一栋23层写字楼（100m），一栋29层商务综合楼（100m）及地上地下共5层商场，总建筑面积13.10万m²。项目开发定位为面向中高端客户的精品商业街区、商品商务、办公社区。

5.案例设计特点分析

5.1　多首层设计：总体布局呈"Y"字形，将商业区与商务区分割开来。由于基地自身西南角比东北角高9.9m，设计时巧妙利用地形高差，在竖向规划中采用独有的"三首层"设计概念，将商业人行从不同标高引入商业内部。在地块南北两个方向分别对应"负一层商业街"、"首层商业街"、"二层商业街"三个入口层。使每个商业层都能与地面水平连通，大大提高了商业的可达性。

5.2　室内外空间互动：结合尺度宜人的内庭院设计布置层层退台的弧形商业内街，加大了商业展

内街透视图

示面。商街退台往往与餐饮结合，人在建筑里面或外面一边享受美食一边享受美景。景观缓坡、隔着玻璃的室外绿地非常协调，更显错落有致。

5.3　地下空间的利用：充分利用下沉广场，地下空间地面化。本项目利用高差将地下一层局部与街道水平相接，此部分容易引进人流具有商业价值，布置为商铺。地势较低一侧为主楼地下一层停车库。两个部分完全独立分别运营管理，中间留门禁可以通达。地下二层充分利用了下沉广场将人流导入，围绕下沉广场周边设置商铺，其他区域设计成车库以满足停车要求。

5.4　多维度流线设计：利用外廊、桥、退台等手段打造多层次商业街，提高商铺的商业价值。商业的中央设置了区域核心主力店，外围的三边商铺通过错动的连桥与其相连，减少商铺间距离的同时更加方便内部人流通行。

5.5　绿色设计：打造生态绿色的商业氛围，给消费者一种回归自然的体验。在下沉庭院、退台及屋顶等处都设置了丰富的绿色空间小品，使得绿化由水平方向向垂直方向延伸渗透。吸引人们愿意在此休憩、停留，从而延长消费时间，增加消费可能性。

局部鸟瞰图

与火共舞　随风而释

——谈谈大型公建的消防设计

主序厅花瓶柱

刘晨

深圳中深建筑设计有限公司　副总建筑师　高级建筑师

主创设计师：忽然

设计团队：刘晨　胡军　米立国
　　　　　扬军　张钊

设计时间：2012年10月24日

施工时间：2012年12月28日

工程地点：云南昆明

合作单位：上海中巍结构设计事
　　　　　务所有限公司

图片摄影师：刘晨

主要经济技术指标：

用地面积：352614.58m²

总建筑面积：785107.00m²

地上建筑面积（计容积率）：558398m²

地下建筑面积（不计容积率）：225340m²

建筑容积率：1.59

建筑覆盖率：58.86%

建筑层数：地上3层，地下1层

建筑高度：39.4m

绿化率：4.27%

停车位：4429

其中：地下一层车库停车数：4088
　　　一层停车场停车数：341

备注：工程说明以外的部分资料摘录于维
　　　基百科。

工程概况

昆明滇池国际会展中心项目作为旅游会展城市综合体,是云南省、昆明市确定的重点建设项目,是云南省继昆明长水国际机场之后又一重大标志性工程。项目位于昆明市主城区南部的官渡区,处于新昆明重点规划"一湖四区"、"一湖四片"的中心区域。用地南部紧邻滇池,横跨滇池三个半岛,总用地面积约2331亩。是一个纵贯南北2600m,横跨东西1700m,总投资约370亿元,以"国内一流、国际领先、世纪精品、传世之作"为定位,集会展、旅游、休闲、度假、商贸等功能为一体的城市综合体。各种功能以商业中轴连接,结合横跨项目的环湖路交通构筑成有机的规划结构模式,形成孔雀开屏姿态,风姿绰约于滇池边。综合体中各功能既相对独立,又共享运营资源和后勤配套。展馆位于项目中的2号地块,用地面积为352614.58m²,总建筑面积为785107.00m²

工程性质:属一类高层建筑,耐火等级为一级,抗震烈度为8度,框架剪力墙结构、局部钢结构,建筑高度:39.4m。

建筑共四层:

地下一层为车库,附有少量设备用房

地上一层为展馆、展馆车库、展馆配套及商业

地上二层为展馆、展馆会议、洽谈、宴会厅、配套管理用房及商业

地上三层为展馆、展馆办公、展馆设备用房及商业

层高:地下一层为5.20m,地上一层为7.00m,地上二层为7.00m

地上三层为14.00m(6、8号馆为16.00m,7号馆为18.00m)

一、与火共舞

"火"无论在西方文明还是在东方文明中都充满了神性的力量,使人畏惧,匍匐崇拜。

控制火提供热、光是人类早期伟大的成就之一。早期的人类从自然界产生的火源中保留火种,后来学会使用钻木取火或者敲击燧石的方式来主动获得火。学会用火使人类能够移民到气候较冷的地区定居。火被用于烹饪较易消化的熟食、照明、提

主序厅玻璃幕墙

供温暖、驱赶野兽、热处理材料等。考古学研究显示人类在100万年前就能有控制地使用火。近东人类于79万年前就能自己生火。但使用火的技能约到40万年前才普及。

　　燃烧木材是最早生火的方式。树木自古提供人类需要的很多能源，故称柴或柴火。不同的树木造就不同的柴火。《调鼎集·火》列举各种木柴烹煮："桑柴火：煮物食之，主益人。又煮老鸭及肉等，能令极烂，能解一切毒，秽柴不宜作食。稻穗火：烹煮饭食，安人神魂到五脏六腑。麦穗火：煮饭食，主消渴润喉，利小便。松柴火：煮饭，壮筋骨，煮茶不宜。栎柴火：煮猪肉食之，不动风，煮鸡鸭鹅鱼腥等物烂。茅柴火：炊者饮食，主明目解毒。芦火、竹火：宜煎一切滋补药。炭火：宜煎茶，味美而不浊。糠火：砻糠火煮饮食，支地灶，可架二锅，南方人多用之，其费较柴火省半。惜春时糠内入虫，有伤物命。"

　　到了现代，人类利用火力发电，以煤炭、石油和天然气为燃料产生电力，火力发电约占总发电量的七成。而汽油及柴油等化石燃料也是汽车、机车甚至飞机的能量来源。

　　火和燃烧常用于宗教仪式和象征。一般至少有两种意义：

　　火和水都代表洁净、消毒，比方说在没有消毒药水的情况下，用来挑刺的针必须先过火以免伤口感染；《圣经·以赛亚书》中，撒拉弗在异象中用火剪从坛上取下红炭来洁净以赛亚嘴唇不洁之罪。

　　燃烧代表将东西寄往灵界，比方说中国民间信

外立面网架

仰常常为祖先烧冥钱（或称纸钱或金银纸，广东称之为阴司纸）、纸车子、纸房子等，希望死者在阴间不致缺乏；道教的疏文在仪式近末尾时会被焚烧，以上达天庭；佛教的密宗有火供（或称护摩法），通过燃烧供品来供养佛菩萨、火神等。

琐罗亚斯德教认为，火是阿胡拉·马自达最早创造出来的儿子，象征神的绝对和至善，其庙中都有祭台点燃神火，也被称为"拜火教"。金庸武侠小说《倚天屠龙记》中明教虽然是摩尼教，但也带有拜火教崇拜火这一特点。

古代人们理解大自然，尝试为自然现象分类、总结时往往认为火是其中一个不可分割的元素。古希腊人认为世界上所有的物质是由空气、水、泥土和火以不同的比例混合组成的。

火也是中国传统文化中五行之一。五行相生相克，其中木生火、火生土、水克火、火克金。天干的丙、丁为火。

中国民间传说中发现火的燧人氏被列为三皇之一，古称火为"阳之精"。《后汉书》志第十四："火者，阳之精也。"明朝思想家顾炎武反对用石取火，他认为用火石取火会影响寿命。他说："古人用火必取之木，而复有四时五行之变。《素问》黄帝言：壮火散气，少火生气。季春出火，贵其新者少火之义也。今日一切取之于石，其性猛烈而不宜人，病瘰之多，年寿自减，有之来矣。"。

此外，火作为一种象征物常常出现在文学及宗教领域中。《圣经·使徒行传》中，圣灵被喻为舌头如火焰显现并降临；《圣经·创世记》提到，上帝将亚当、夏娃赶离伊甸园时，在伊甸园的东边安设了基路伯和四面转动发火焰的剑。

由此可见，火在人类生活中起着非常重要的作用。

俗话说水能载舟亦能覆舟，火给人类生活带来便利之时亦会给人类带来灾难。

火灾，指由于火苗缺乏应有的控制而引发乃至扩大并造成损失及伤害的过度燃烧。

火灾分为天灾和人灾：物体自然燃烧造成的火灾称为天灾，人为疏忽过错所引发和蓄意纵火则属人为火灾。

夕阳下的主入口

火灾的特性：

成长性： 火灾从开始之后到扑灭之前，具有无限度疯狂扩大之特性；而且在不受外力干扰的情况下，延烧之面积约与经过时间之平方成正比。

浮动性： 火灾的严重程度受气象环境、燃烧物体、建筑物结构及地形地物等各种因素影响，并呈现复杂现象进行。

偶发性： 火灾往往纯属突发状况，无法事先预测，由此也就无法采取灾前止损或防备措施。

盲目性： 火苗并不像人类一样具有思考能力明辨孰轻孰重，但凡火苗触及的任何东西均可能完全烧毁，就像俗话说的"水火无情"。

火警级别：

火警级别是一种基本的火灾测量单位。常被新闻界使用，"一级火警"、"二级火警"，等等。这是一种用消防人员数目而计算的级别。在19世纪前的西方，人们用教堂的钟来召唤消防队，钟声能够传播最基本的火情信息，听到钟声后，消防队查看天空的烟雾来估计火灾的方向。在1852年，美国波士顿市消防局开始使用电报铃钟系统来指导各区消防站。系统使用类似的代码。很多其他城市也跟着使用电报铃，各自有自己的代码定义。虽然代码定义不统一，但是在大多地区，铃声越多火情越严重。现在，各个地区有明确的火警级别定义，但是很多火警级别定义还是依此为基础。

火警分级制：

根据中华人民共和国公安部下发的《关于调整火灾等级标准的通知》，火灾等级划分为：

特别重大火灾：

指造成30人以上死亡，或者100人以上重伤，或者1亿元以上直接财产损失的火灾；

重大火灾：

指造成10人以上30人以下死亡，或者50人以上100人以下重伤，或者5000万元以上1亿元以下直接财产损失的火灾；

较大火灾：

指造成3人以上10人以下死亡，或者10人以上50人以下重伤，或者1000万元以上5000万元以下直

夕阳下的主入口 工人们在屋顶铺装金属屋面板

接财产损失的火灾；

一般火灾：

是指造成3人以下死亡，或者10人以下重伤，或者1000万元以下直接财产损失的火灾。

二、随风而释

昆明夏无酷、冬无寒、天蓝云白，气候宜人，鲜花开放，草木常青，是著名的"春城"、"花城"，是休闲、旅游、度假、居住的理想桃源。

昆明是云南省省会，首批国家级历史文化名城，位于云南省中部，中国的西南部，云贵高原中部，市中心海拔1891m。南濒滇池，三面环山，为平原地貌。

昆明是一个多民族聚居的城市，包含26个民族，各民族保留各自的民俗传统，延续了许多独特的生活方式、民俗习惯和文化艺术，如傣族孔雀舞、彝族火把节等，以其鲜明的文化个性、浓郁的民俗风情给人们带来耳目一新的艺术感受。

昆明市是中国面向东南亚、南亚乃至中东、南欧、非洲的前沿和门户，东连黔桂通沿海，北经川渝进中原，南下越、老达泰、柬，西接缅甸连印、巴。昆明作为中国面向东盟、南亚开放的门户枢纽，三圈交汇的中心大都市，区域优势得天独厚。

"我们应该用合作替代竞争。"由云南省政府发展研究中心和印度国际关系与发展研究中心共同主办的"中国云南省与印度西孟加拉邦经济合作论坛"于2012年11月20日在昆明开幕。由中国商务部和云南省在昆明举办首届"南博会"的时间为2013年6月6日，中方邀请了南亚国家政府领导、工商界人士等出席开幕式及相关系列活动。

迄今为止，昆明已经成功举办了多届南博会。随着经济的发展及国家战略的升级，现有的南博会会场已无法适应发展要求，亟待建设新的会场。在这一发展背景下，由政府主持，云南城投投资的昆明滇池国际会展新城正式立项，形成以会展经济和旅游经济为中心，集会议会展、文化体验、休闲娱乐、商贸商业为一体，低碳、生态、环保的多功能型国际会展中心。

早在2006年，我们就已与云南城投公司合作，对此项目作了大量的前期研究工作，那时云南城投对此项目的策划畅想远非现在这么宏伟，随着形势的发展，项目逐渐演变成绝世大片，承载了更多的政治意义。

为了做好这个项目的设计，由云南省政府副秘书长带队，建设方及设计方组成考察团，考察了上海、无锡、南京、沈阳、北京、武汉、重庆、广州、香港以及澳门地区各类大型展馆。由此可见政府对此项目的重视程度。

考察归来，云南省政府提出以"国内一流、国际领先、世纪精品、传世之作"作为这个项目的定

位标杆，从此，一只巨大而绚丽的孔雀在滇池边临风对月，婀娜起舞。

对于大型公建的设计，消防是个难点。国家现行规范已经远远落后于经济发展，新的规范尚未出炉，形势造就了我们变成一个前不见古人后不见来者的独孤侠客。

本项目建筑功能复杂，空间关系多变，面积庞大，人流量大，疏散路径过长，可燃货物集中，依照现行国家防火技术规范关于防火分区、安全疏散的规定，根本无法实现此项目特定的使用功能、建筑效果及构造需求。因此仅依靠建筑设计院的设计无法保证项目的安全性及可靠性，还需要性能化公司运用消防安全工程学的原理对消防设计进行分析论证，以确保其消防安全达到规范要求的同等水平。

设计主要难点：防火分区面积问题及安全疏散问题。

为解决疏散问题，我们创新性地在展馆与商业之间设计了一条环形通道，该通道上方开设有露天孔洞，形成不完全封闭的空间，定义为亚安全区，在火灾情况下，建筑内部人员首先疏散至亚安全区，然后再疏散至室内外安全区域。

此通道不仅解决了大量人流的疏散问题，也实现了展馆与商业的无缝对接，形成一种新型的会展经济模式。但因规范中没有对亚安全区域的明确界定，最后我们与消防性能化设计公司一起商讨后决定将亚安全区更名为环形通道。

整个设计完成后，云南城投组织全国各地消防专家对此项目进行论证，论证的焦点集中在了对环形通道上方开孔率的争论，经过两轮专家论证会，最终确定了开孔率为37%。一个项目从最初策划到最终定案，期间历经艰辛与磨难，当我们看到舒展而优美

的建筑终于拔地而起时，欣慰伴着遗憾，总觉得可以做得更好。

总平面消防布置

项目总平面消防布置分为两层进行设计：

第一层是基地层（即建筑一层平面）；沿一层周围设有一条18m宽的外环道路及15m宽的内环道路，为满足展馆交通需求，在外环路周围设置了6个会展入口连接外部城市道路并将规划的40m道路与会展东西主干道交接口作为会展的主入口，保证了消防车能快速到达该层的任何一个着火点；

第二层是14m平台层（即建筑三层平面）；此平台层外环设有17～20m宽的消防车道，并有3个15m宽的环形车道及4组疏散楼梯与其相连接：满足消防车能快速到达。同时平面中消防车道宽度≥4.5m，转弯半径≥12m，坡度≤7%，登高面处的车道宽≥6m，坡度≤1%；登高面距建筑5～10m；消防车道按消防车总重30t计算。

建筑消防设计

整个防火分区的布置按不同的性质标准划分防火分区，除展馆的每个展厅外，每个防火分区均能满足疏散距离和疏散宽度要求。

地下一层平面消防设计：其功能为商业、设备机房、车库；其防火分区按功能分开设置，其中：设备用房按1000m²划分为一个防火分区，共划分为5个防火分区；车库按4000m²划分为一个防火分区，共划分为61个防火分区；商业按4000m²划分为一个防火分区，共划分为8个防火分区。各个防火分区均有两个疏散楼梯相接。地下停车库共布置停车

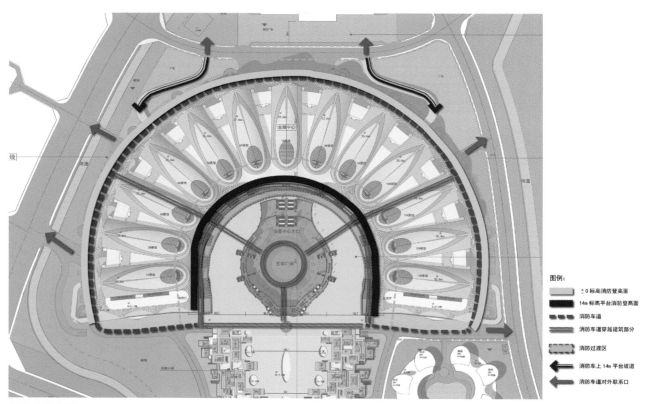

图例：
- ±0标高消防登高面
- 14m标高平台消防登高面
- 消防车道
- 消防车道穿越建筑部分
- 消防过渡区
- 消防车上14m平台坡道
- 消防车道对外联系口

总平面消防分析图

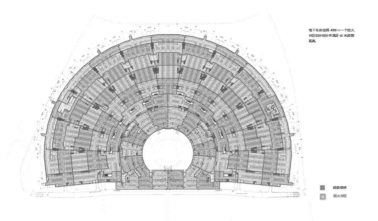

地下一层防火分区布置示意图

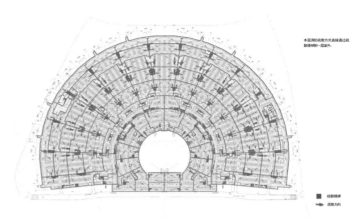

地下一层消防疏散示意图

位5700个，出入口18个，坡道宽度均大于7m，最大坡度15%（弯道12%），满足国家规范要求。

一层平面消防设计：本层主要功能为：车库、商业、展馆后勤配套用房及设备用房等；其防火区域按展馆布局分为13个防火区；每个防火区由贯通第二环线和第三环线消防避难走道分隔开，避难走道主要解决三层展厅的疏散楼梯的消防疏散，同时兼顾一、二层其他功能的消防疏散。被避难走道分隔的每个防火区内消防按功能分开设置，且划分不同的防火分区；本层共分84个防火分区。其中，商业部分按4000m²划分防火分区，共16个防火分区，疏散出口直接对外。

展馆后勤用房按2000m²划分防火分区，共设了12个防火分区；由于后勤用房和其他功能房连为一片，故在消防设计上设计了安全走道来连接各个防火分区，以满足消防疏散的要求。

车库按4000m²划分防火分区，共设38个防火分区，疏散主要通过避难走道及直接对外疏散。

设备用房按1000m²划分防火分区，共设了18个防火分区；疏散主要通过避难走道疏散。

以上各防火分区均能满足向外的疏散要求。同时，主体建筑的疏散楼梯也在本层得到有效疏散。

二层平面消防设计：主要功能为会议室、洽谈室、商业及展馆配套管理用房等，共分13个防火

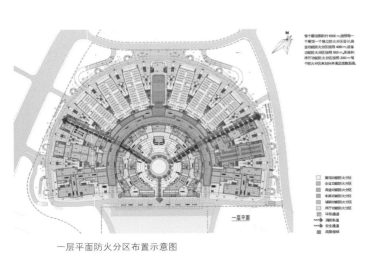

一层平面防火分区布置示意图

一层平面消防疏散示意图

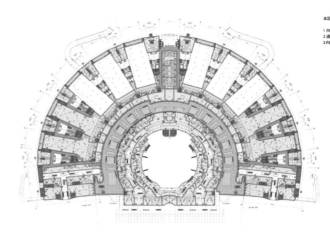

每个展馆面积约10000㎡,按照每一个展馆一个独立防火分区设计,商业功能防火按照4000㎡,会议洽谈功能防火分区按照2000㎡,设备功能防火分区按照1000㎡,管理用房功能防火分区按照2000㎡来划分并满足疏散要求。

二层平面防火分区布置示意图

本层消防疏散采用三种方式
1 向环形通道区疏散
2 通过疏散楼梯接往室外
3 向商业外疏散

□ 配套管理防火分区
□ 避难走道防火分区
□ 会议洽谈防火分区
□ 展厅防火分区
□ 商业防火分区
□ 环形通道
■ 疏散楼梯

二层平面消防疏散示意图

□ 防火分区
□ 环形通道
□ 避难走道
→ 疏散方向
■ 疏散楼梯

分区。

其中,会议室和洽谈室按2000㎡一个防火分区划分,共分4个防火分区,防火分区围绕消防过渡区,疏散主要通过消防过渡区及避难走道;展馆配套管理用房按2000㎡一个防火分区划分,共分22个防火分区(含夹层),疏散主要通过楼梯及外环平台;商业按4000㎡一个防火分区划分,共分12个防火分区,疏散主要通过楼梯及消防过渡区平台。

三层平面消防设计:主要功能为:展厅、序厅(前厅)、商业、办公及设备用房(夹层)等;防火分区按上述功能进行划分,其中,序厅(前厅)按消防过渡区设计。共分23个防火分区:

展馆按每个展厅设置一个防火分区划分,共分13个防火分区,每个防火分区约15000㎡(因面积超过10000㎡的规范要求,故将此列入消防性能化评估报告)。展厅的消防疏散按三种方式:第一种,向展馆外侧的20m平台疏散;第二种,向展厅内的疏散楼梯疏散,并通过疏散楼梯下至一层的避难走道,再通向室外;第三种,向序厅(前厅)方向,穿过此消防过渡区到达室外空间。商业按4000㎡一个防火分区划分,共分2个防火分区,直接向室外疏散;

设备用房(夹层)按2000㎡一个防火分区划分,共分6个防火分区,主要通过楼梯疏散。

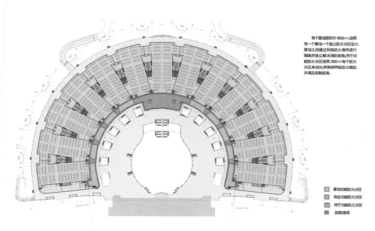

每个展馆面积约15000㎡,按照每一个展馆一个独立防火分区设计,展馆之间通过特级防火卷帘进行隔离防火独立解决,展厅竖向功能防火分区按照2000㎡每个防火分区来划分,两侧有甲级防火隔段并满足疏散要求。

三层平面防火分区布置示意图

□ 展馆功能防火分区
□ 商业功能防火分区
□ 序厅功能防火分区
■ 疏散楼梯

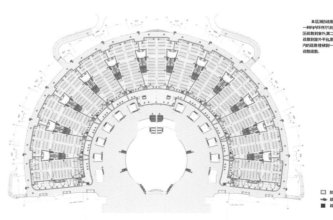

本层消防疏散采用三种方式
一种向中环序厅前厅功能防火分区疏散到室外,第二种向外侧直接疏散到室外平台;第三种通过展馆内的疏散楼梯到一层的避难走道进行疏散疏散。

三层平面消防疏散示意图

□ 防火分区
→ 疏散方向
■ 疏散楼梯

主序厅花瓶柱

罗韶坚

深圳市建筑设计研究总院有限公司

第一分公司总建筑师、班子成员
总院副总建筑师
国家一级注册建筑师

代表作品

深圳湾科技生态园一区

深圳南方科大和深大新校区拆迁安置项目产业园区

上海2010年世博会意大利国家馆

福建莆田荔能·华景城

浙江义乌篁园服装市场（含酒店）工程

河南洛阳世纪华阳C地块

安徽芜湖醇美华城R01地块澳然天成

河南信阳建业森林半岛

深圳观澜湖高尔夫大宅

深圳皇御苑A、B区工程设计

深圳市罗芳中学

深圳市鸿基商业、东港中心大厦

河南漯河建业森林半岛

河南商丘建业桂园

云南大理国际大酒店

河南实验学校郑东教学园区

深圳布吉左庭右院

深圳鸿荣源N7地块

浙江湖州体育场设计

上海世博会意大利馆模型

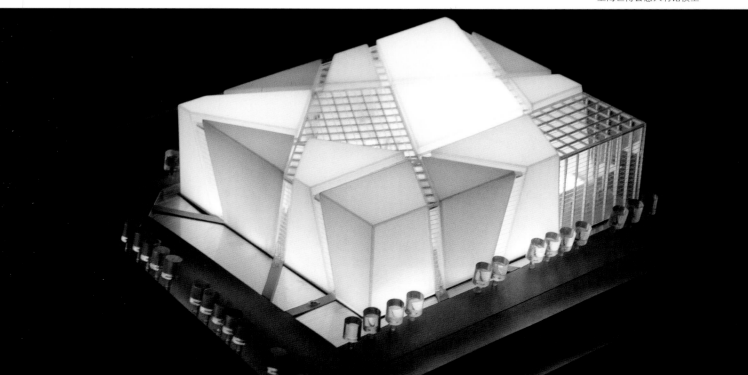

1989年7月毕业于广东工业大学建筑系建筑学专业，至今一直在深圳市建筑设计研究总院有限公司从事建筑设计工作。曾任助理工程师、工程师、高级工程师、主任建筑师、设计所副所长、设计所所长、第一分公司副总建筑师、第一分公司总建筑师、班子成员、总院副总建筑师等职务，国家一级注册建筑师、高级建筑师、总院技术委员会建筑专业副主任委员。

《建筑设计技术细则与措施》、《建筑设计技术手册》编写人员（中国建筑工业出版社出版）。

上海世博会意大利馆白天

上海世博会意大利馆夜晚

上海世博会意大利馆共享中庭仰视

城市与建筑的价值观

　　一个城市的规划要经得起时间及历史的考验，注重环境，形成科学的城市发展观，才能实现城市的健康与可持续发展。环境危机问题的产生与城市发展和城市规划之间有着密切的关系。

　　建筑设计要有生命力，在满足使用功能的同时，从建筑的思想观念、形式语言到建造工艺、材料和建造方式都要力求创新，深入探索本土建筑的表达方式，关注建筑物的绿色、生态、环保及可持续发展，这是一个建筑师的责任。

深圳湾科技生态园空间

深圳湾科技生态园人视图

深圳观澜高尔夫大宅

深圳皇御苑A区、B区

深圳湾科技生态园

湖州体育场

孙　明

奥意建筑工程设计有限公司

1994年毕业于华南理工大学建筑学系。
1994年至今就职于奥意建筑工程设计有限公司。
现任公司副总建筑师、综合事业二部总经理。
国家一级注册建筑师。
多年来主持设计了大量有影响力的办公、住宅、商业及综合体等项目，工程业绩遍布全国各地，获部委、广东省、深圳市各级优秀设计奖20余项。
2013年获深圳市勘察设计行业十佳青年建筑师奖

代表作品

- 超高层综合体类
  深圳鹏润达商业广场
  合肥柏悦中心（合作：Vx3）
  厦门中航紫金广场（合作：Vx3）
  深圳宝安勤城达C区

- 高层办公
  合肥财富广场
  合肥置地投资大厦
  合肥富广大厦
  深圳松日发展大厦（合作：DLN）
  深圳特力珠宝大厦
  深圳金业大厦
  深圳港得龙水贝银座大厦

- 住宅建筑
  深圳幸福海岸
  江门中天国际花园
  扬州中集集品嘉园
  扬州中集紫金文昌
  深圳宏发上域花园
  广州万达文旅城公寓
  南昌万达文旅城N区
  深圳中粮云锦花园

- 商业文化
  深圳南山华润欢乐颂（合作：L&O）
  黄山黎阳IN巷（合作：Peddle Thorp）
  广州万达文化旅游城展示中心

厦门中航紫金广场鸟瞰

厦门中航紫金广场黄昏

　　二十余年建筑师职业生涯，一直满怀对建筑师职业的高度自豪与认同感，无论身处公司何种职位，一直执着于建筑专业深度的沉淀，迷恋于建筑丰富多彩的可能。日常忙碌于设计经营、项目及管理，每个设计工程竭力满足着各种甲方商业的追求，领导的意志，但仍然偏执于不停探索真正有生命力、有灵魂的建筑，希望无愧于这个伟大历史时代，无愧于社会与城市，无愧于美丽而脆弱的大自然，无悔于自己的内心。

　　对于建筑师，我们身处于最好的时代：赶上了中国20年来改革开放，带来的人类历史前所未有的城市化浪潮，建筑机会空前，我们拥有前人及国外无法比拟的巨大市场；但同时，对于有历史责任感的建筑师，这个时代又面临最差的设计环境，浮躁功利的社会、权力金钱对建筑的超常欲望、简单粗暴的建筑法规，时刻影响着建筑设计方向，建筑师常怀无力与无奈。我们如何积极应对，如何智慧地施展专业影响，才能无愧于这个伟大的建筑时代？我想首先我们应深入建筑与人、建筑与城市、建筑与自然的关系内核，追求真正持续发展、活力永驻的建筑，关注人性、自然，尊重历史文化，力求建筑持续生命力，把城市每个新建建筑当作未来历史的创造者，让建筑能实现我们诗意的栖居，成就我们美丽的乡愁。

期待有机会建造更多安静平和、内敛务实的建筑。个性更多不是刻意而为，充分反映自然气候、城市文化，真正"土生土长"，同时由建筑创作者真实的内心创造而出的建筑一定都是"独一无二"的。职业建筑师专业服务绝不是简单迎合，而是通过强大专业的实力与丰富的经验，引领决策人更正确的建筑方向。专业过硬与内心强大，不被一时之利遮眼。

这个时代更是信息技术爆发的时代，建筑的革命一直是技术革命带来的！拥抱新技术、融入互联网新思维，我们有机会创造真正伟大的建筑时代。

合肥财富广场 1

合肥财富广场 2

江门中天国际花园

合肥富广大厦

广州万达文旅城公寓

深圳特力珠宝

深圳港得龙水贝

深圳特力–吉盟黄金首饰产业园

深圳松日大厦

合肥财富广场二期B座

深圳欢乐颂

深圳幸福海岸

安徽铜陵财富广场

深圳宏发上域

合肥汇丰广场柏景假日酒店

陈天成

深圳市清华苑建筑设计有限公司
建筑与环境所所长、主任建筑师
国家一级注册建筑师

主要作品有：

深圳横岗同兴五金厂项目

商丘市民权县龙兴新城项目

韶关·汇龙湾酒店项目

深圳龙岗八仙岭华庭项目

韶关十六冶项目

深圳住友光纤园项目

深圳龙岗河岸轩项目

深圳龙华金御豪廷项目

2003年毕业于华中科技大学建筑学专业。先后工作于中建国际（深圳）有限公司，任建筑师和项目负责人；城脉建筑设计（深圳）有限公司，任高级项目建筑师和项目经理。

从业十二年来，参与或主持项目包括公共建筑、商务办公建筑、商业、住宅、景观以及区域规划等。拥有大量的建筑设计经验与背景，强调项目设计的严谨与创新。

建筑设计是服务性行业，建筑师更是一个终生的事业。这个特殊的职业要求建筑师要不断提升自己的综合艺术修养，从而对建筑有自己的"理想"；还要善于聆听各方的诉求，让建筑在满足各方诉求后，跟随着"理想"落地、生根、成长。完成一个建筑师真正的使命！

2011年带着创业的激情，我们加入了清华苑团队，始终坚持"业主给的不仅仅是一个项目，更是一种对设计师的信任"的原则，实践、完善每一个设计项目。同时，我们一直坚持建筑设计技术创新。在公司领导的支持下，在团队成员的不懈努力下，在最近几年，我们实现了应用BIM设计体系将设计项目从方案到施工图的全程实践，成为深圳设计界为

商丘市民权县龙兴新城项目——住宅效果图

数不多掌握BIM设计体系的团队之一，得到了广大业主的认可与支持。

2011~2015年，风风雨雨四个年头，我们经历了波澜，更多的是感动！我们认真聆听使用者的需求，交流、沟通、协调各方的诉求，迸发出种种灵感与火花，通过我们的创意与设计，完善每一个设计项目，尽量让各方实现共赢！

中山大道、人民路商业广场效果图

鸟瞰图

深圳横岗同兴五金厂项目沿街透视图

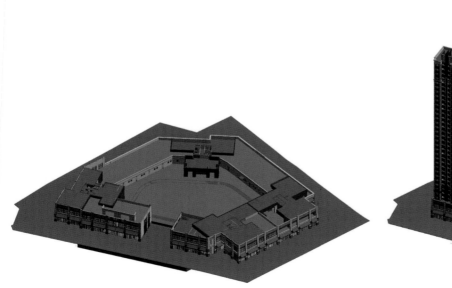

深圳横岗同兴五金厂项目BIM模型图

商丘市民权县龙兴新城项目整体鸟瞰图

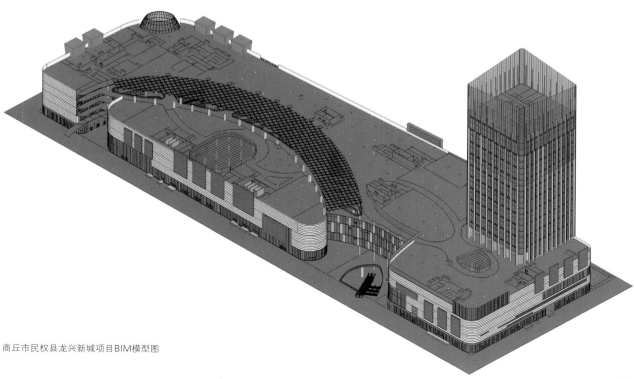

商丘市民权县龙兴新城项目BIM模型图

珠海斗门区旅游发展中心项目

杨华

罗麦庄马（深圳）设计顾问有限公司

主创设计师：杨华　杨镇源　韦真
设计时间：2014年
施工时间：未施工
工程地点：珠海市斗门区
合作单位：深圳市东大国际工程设计有限公司

主要经济技术指标
总用地面积：14262.86m²

建筑占地面积：1112.02m²
总建筑面积：6866.91m²
地上建筑面积（计容积率）：4775.09m²
地下建筑面积（不计容积率）：2091.82m²
建筑密度：7.8%
容积率：0.33
绿地率：66.1%
建筑高度：94.2m

一、工程概况

　　项目是集城市景观标志、旅游观光服务为一体的综合建筑。用地位于珠海市中部的斗门城区以南，尖峰大桥东广场公园内，三面绕水，有城市主干道在此相接。基地周边环境优越，西与尖峰山市民公园隔河相望，北临穿城南下的黄杨河。溯流而上，登高远眺，斗门城区景色尽收眼底、一览无余。项目总建筑面积约6866.91m²，包括商业、服务、配套设施等功能空间。

二、实践创新

　　斗门区旅游发展中心的设计灵感来自于斗门特有的水文化，采取中轴对称的设计手法，满足多角度和全方位的观赏需求。其塔顶设计又别具风格，在一河两岸的整体规划中形成良好的核心地标。

　　设计以"一园、一城、一河"为主题。垂直向上，山水自然景观和城市人文景观被完美整合到多层次、360°观景视野中。塔身扭转生长，破土而出，倾斜收束，挺拔俏丽。塔身中部膨胀，释放更

多的内部活动空间，塔身整体扭曲，为塔顶获取最佳的景观朝向，此方案在景观塔原型的基础上，膨胀、扭曲形成一种自然的仿生形态，赋予建筑以灵动活跃姿态，"跃鱼"形象呼之欲出。立面采用金属或薄膜等建筑材料，空间网架结构，细部处理简洁大气。底座3层，设置后勤设备、门厅、咖啡茶座、餐厅和纪念品商店等辅助功能。拾级而上，体验梯道循观光电梯盘旋环绕。观景平台错落而至，悬挑横出，体验丰富。

多种活跃元素融合相生，竖立起一个集标志性、体验性、观光性等多种功能于一体的现代城市景观塔，昭示着斗门城市的蓬勃发展与文化建设。塔上观城、城中望塔，塔与城市相生相伴、相映成趣。

东莞市规划展览馆

谢咏松

东南大学建筑设计研究院深圳分公司
深圳市东大国际工程设计有限公司

主创设计师：秦聚根　谢咏松

设计团队：喻强　胡少华　陈穆华

设计时间：2008～2013年

施工时间：2011～2015年

工程地点：东莞市南城区

主要经济技术指标

用地面积：34861.907m²

建设用地面积：34861.907m²

总占地面积：4527.897m²

总建筑面积：20388.930m²

地上建筑面积（计容积率）：12058.374m²

地下建筑面积（不计容积率）：8330.556m²

建筑容积率：0.346

建筑覆盖率：12.99%

1#规划展览馆建筑层数：地上1层，地下2层

1#规划展览馆建筑高度：8m

2#公示厅建筑层数：地上8层

2#公示厅建筑高度：29.25m

绿化率：40.516%

停车位：125辆

一、工程概况

东莞市规划展览馆位于东莞市南城区旗峰路西北侧老党校地块，东南对望旗峰公园，东临东莞市规划局，东北是黄旗广场。基地东北临旗峰路，东南临东城中路，交通极为便捷，项目总用地面积34861.907m²。规划展览馆由1#规划展览馆、2#公示厅及两栋保留建筑组成，1#展览馆位于用地中间，

2#公示厅位于用地北侧，用地东南侧为保留原有党校建筑。本次设计内容为1#规划展览馆及2#公示厅。

二、实践创新

（一）生态建筑观

"生态建筑"的设计策略推崇对人、建筑、自然完美的契合，同时也是对环境和人文最大的尊重

和保护。强调建筑与环境的和谐共生，完成建筑本身的社会使命。

设计出于对公园景观、功能布局及城市空间的综合考虑，我们将棕地北面原有建筑拆除，安排公司办公楼及停车，并尽可能地保护原有植被。将主展览区置于棕地中部，利用地形高差使展览馆"隐形"，主馆置于场地标高之下，地面部分只有序厅及楼电梯间。用人造景观元素恢复原有环境的视觉效果，序厅部分结合其前面的下沉广场及架空连廊，以异形造型及大量的玻璃，使其与环境融为一体，序厅前的标志塔以工程测量中最常见的塔尺为设计元素，既直接表达出本项目的功能，又隐喻城市规划所要求的精准性。

建筑的轴线与景观的变化产生多视点多角度的观察体验，在水天交映中领会步移景异的中国园林的韵味，在草地和流水间感受人工与自然的融合和谐，建筑"生于斯、长于斯"，不是强加于环境的附着物，成为完整空间的必要元素。

（二）景观保护与重生

以恢复党校公园山形地貌为设计目标，尽可能减少对环境的破坏，使展览馆的建设融入整个环境之中，成为公园景观的重要组成部分。

深度挖掘场地内的历史文脉，将原有棕地内旗峰山泉眼进行恢复、修整，形成入口广场的核心景观，使之成为回眸历史、把握现在、展望未来的空间序列的点睛之笔。适度改造驳岸，加入人工湿地实验区，采用生态湿地过滤方式。

将循环水的处理和景观设计有机结合起来，既增大了绿地面积也达到了水体处理的功能。绿化系统按点、线、面三个层次进行绿化，结合建筑小品、园路景观进行处理。

（三）空间"蒙太奇"

展馆的流线设计引入电影长镜头以及蒙太奇手法，表现充满戏剧性的场景。叙述城市古往今来的变化，强化与城市公共空间的关联以及建筑空间的文脉与个性。入口空间通过一条阳光通道，将参观人流引入地下展厅，其间山水在流动。从地面到地下仪式般的路径使人对参观展览产生期待，同时也暗喻东莞"公平、公正、公开的阳光规划政策"。

（四）场地设计

棕地内现有一东西走向的水塘，水源为旗峰山上的泉水。利用地形高差，开挖水塘。将主展览馆安排在其中，保持屋顶高度与地面持平。屋面蓄水40cm，泉水朝西流动。北侧原有建筑拆除后，旧址作为公示厅和停车场使用，保留原有高大乔木并回填现状坡地，使之形成亲水的绿地。南侧结合地形，形成若干台地，以满足后勤服务的交通需要。

场地设计后的竖向关系为，从旗峰路进入基地，由展览馆前的大台阶步入下沉式广场，尔后进入展览馆，或由架空连廊进入序厅一层，然后通过电梯进入地下一层。棕地西侧，利用高差安排相对独立的对外经营的餐厅，结合现有水面形成视线、景观极佳的休憩聚会的场所。

（五）结语

规划展览馆是展示城市风貌的窗口和东莞城市的"名片"，建成后将成为提升东莞文化建设水平，弘扬爱国主义精神，进行重要外事活动、宣传城市建设历史和成就、推进公众参与和政务公开的重要基地。

深圳广电网络科技信息大厦

陈颖　梁小宁　齐峰

设计时间：2008～2012年

施工时间：2013年至今

总用地面积：10810.95m²

地上建筑面积（计容积率）：97300m²

建筑层数：地上43层，地下5层

工程地点：中国深圳市福田中心区

设计单位：深圳机械院建筑设计有限公司

合作单位：北京张永和非常建筑设计事务所有限责任公司

业主：深圳广电集团

项目介绍

　　深圳广电网络科技信息大厦位于深圳福田中心区金融与行政管理区，项目所在场地是深圳广电中心北侧的二期发展用地，项目定位是深圳中心区的高端超高层写字楼。

　　建筑设计的创意是一栋能够自我遮阳以减少热量吸收的水晶塔楼，希望能成为深圳新的标志，在高层群体中突出形象。形体方正，每个面都采用菱形内凹玻璃幕墙，形成规则又有明显特征的形体。以立面的遮阳立体效果和水晶特征形成富有标志性的视觉形象。外幕墙由开放式双层幕墙组成，其中内幕墙是作为建筑围护幕墙，外幕墙由菱形的凹进变化的折面玻璃组成，每个菱形的高度为4层楼高，宽度为半个柱距。在东、西立面朝向东南和西南方向的玻璃采用丝网印玻璃，透光率低，有较好的垂

直遮阳效果，避免西晒。南北向幕墙开口方向朝东南，朝向当地夏季主导风向。东西向幕墙开口方向为北，避免阳光射入内幕墙。外幕墙开口尺寸最大为600mm，前后错开的侧向开口，从正立面看仍能保证幕墙的整体性。

　　单元式外幕墙的节点设计不仅满足幕墙制造和安装需要，还满足消防要求。每层开口面积占外幕墙总面积的7%，保证自然通风和排烟。外幕墙开口的宽度可满足一人穿过，在紧急时刻消防扑救，实现高空救人。每层混凝土楼板挑檐满足耐火时间，并且在端部用防火材料封堵，防止上下楼层的火灾蔓延。特别的开口式双层玻璃幕墙设计给设计带来的另一个挑战是，深圳的多风气候条件有可能带来玻璃幕墙风荷载的不可控。因此我们特意委托广东省建科院进行了风洞试验。通过分析体型系数平均值的平面分布能较全面地了解网络科技信息大厦迎

风时的气流流动情况。实验得出了各表面最高正、最低负体型系数出现角度和部位数据表格，作为幕墙结构设计的依据。

建筑由塔楼和裙房组成，塔楼平面是规则的矩形平面，东西向长56.8m，南北向宽38.8m，核心筒位于中央，标准层层高4.3m，塔楼标准层面积1971m²，标准层平面采用"二"字形的电梯布置，核心筒形成"鱼骨"状的交通流线，核心筒各组成部分依附于这个骨架布置。电梯组群分区明确、易于识别，疏散楼梯与消防电梯占角布置，均衡合理，平面利用率低区71%，中区73%，高区75%。建筑地上43层，总高192m，楼顶另有12m高设备层，为超高层建筑。塔楼垂直交通由设置在核心筒内的18部乘客电梯、两部疏散楼梯及两部消防电梯组成，乘客电梯分为高、中、低三个区段，每区段

设六部乘客电梯。裙房设三部车库电梯（首层至地下五层）、两部乘客电梯、一部货电梯及四部疏散楼梯。

裙房层数9层，7～9层向东悬挑约35m，距地约30m。悬挑裙房下部是对城市开放的媒体广场，也是广电集团举办大型活动的场地。创造了一个有屋顶覆盖的城市客厅。

根据《超限高层建筑工程抗震设防专项审查技术要点》和《广东省超限高层建筑工程抗震设防专项审查实施细则》，对规范及结构不规则性的条文进行了检查。有多项结构不规则，判断为超限结构。结构工程师采用《高层建筑结构空间有限元分析与设计软件（SATWE）》进行多遇地震计算对比分析。最终得到了满意的结果，并创造了超大悬挑的建筑奇迹。

深圳国际农产品物流园

深圳市方佳建筑设计有限公司

主创设计师：缪胜泽

设计团队：郑峰杰　任超峰　梁学能　查文虎　余伟伟　王星　舒珍　段明亮

设计时间：2015年

工程地点：深圳市龙岗区

主要经济技术指标

用地面积：100899.27m²

建设用地面积：82473.39m²

总占地面积：50446.12m²

总建筑面积：322600m²

地上建筑面积（计容积率）：302600m²

地下建筑面积（不计容积率）：20000m²

建筑容积率：3.0

建筑覆盖率：50%

建筑层数：地上25层，地下1层

建筑高度：100m

绿化率：30%

停车位：1400辆

工程概况

项目处于深圳市龙岗区平湖街道白坭坑丹平路111号——115号，良白路以南，丹平路以西，南北分别为水官和机荷高速公路，是平湖与布吉的结合部位，距离宝安机场33.4km，距离罗湖口岸14km，北边距离机荷高速780m，南侧距离水官高速1km。

项目用地面积100899.27m²，地块呈不规则形状，南北向约560m，东西向97～315m不等，场地地势表现为北高南低，最大高差约15m。项目共分为两大功能区，物流功能区与公共配套功能区。物流板块包括仓储区、交易区、加工配送区、物流配套区，公共配套功能区包括展厅、办公、商业、酒店等区域。

实践创新

规划原则

通过对农产品物流园的考察，我们考虑了以下问题：

1. 项目地块与城市发展的问题。

2. 项目开发运营模式对设计的挑战。

3. 如何在满足任务书要求的情况下实现价值的最大化？

4. 如何把各个功能板块有机组合，形成一个高效率的现代化物流产业园？

5. 如何挖掘项目的文化特色，突出项目主体？

得到的设计指导原则是：

适应性+可达性+识别性+立体化+多元功能

设计理念

我们希望创造一个全国一流的农产品基地，以海洋文化为主体的度假旅游区。实现地块价值最大化的同时，带动周边配套的发展。

深圳国际农产品物流园（西区）不仅仅具备第四代物流园一体性、适应性、高效性、可识别性的特点。同时将成为集区域农产品博览、展销、海洋文化交流于一体的大型综合商务中心。通过对基地的研究以及任务书的解读，设计之初将农产品交易区、物流配套区、办公区、商业区合理布局，充分考虑项目未来发展可能，将商业与物流交易区分离。通过海洋公园主题平台，将公共配套功能与物流功能两大板块分离，形成互不干扰的大框架。在海洋公园主题的大框架上细化小功能板块，实现物流与配套功能的完美结合。设计中我们采用将底层农产品的物流交易空间与平台层上海洋公园主题的公共配套功能空间以立体叠加的设计手法结合，从而实现一个不缺失的现代化物流产业园。

总平面规划设计

项目分为2大功能区，物流功能区与公共配套功能区。物流板块包括：仓储区、交易区、加工配送区、物流配套区，公共配套功能区包括：展厅、办公、商业、酒店等区域。

通过对各种流线及空间的细化解读，形成了立体化空间设计的规划理念。

1. 平台下结合地形高差，在地块北侧地形高起处规划底下大型货物停车位，南侧规划鲜活交易区，并规划有大型货物车进出流线，满足鲜活产品的交易需求。平台下二三层规划干货交易区及冰鲜交易区。依据平台上流线需要，在平台下

四层规划公共配套区小型停车位，满足平台上功能区的停车需要的同时，合理地分离了货物流线与公共配套区的车行流线，两大功能板块立体组合，流线清晰。

2. 平台上通过对任务书指标的解读，同时体现海洋文化主题，规划打造了海洋风情的商业街区，通过两条人行天桥直接将人流引入平台，活跃平台商业氛围，提高平台的可达性。在商业流线的节点处规划打造海洋文化主题广场、美食广场。在平台北侧规划打造物流园展览中心，结合展览中心以及人行天桥节点，在北侧规划商务办公楼，使得功能组合更加完美。在地块南侧海洋主题广场端头规划海洋博物馆及水幕电影院，满足人流娱乐需要，同时使得平台公园功能空间扩大化。基地西南侧规划配套公寓，在入口处结合通风景观规划入口广场，使得住区更加私密。

交通规划设计

区域内因为功能元素多样，因此流线相对复杂。我们利用不同标高的立体交通设计，巧妙分离不同的功能动线，使之互动而不互扰。

在首层，规划大货车以及电瓶车进出流线，考虑鲜活交易的实际需要，在首层规划了大货车直接进入交易区，并规划卸货平台，提高流线的高效性。

在首层均规划上二三层交易平台坡道，缩短货物运输流线，同时将各个交易区流线更加明确，货物车流进入地块后直接被分流到各自的交易平台，流线顺畅无阻，使得物流园区内货物流线简单直接。四层夹层小型车停车位同样规划坡道直接从一层进入，在酒店、公寓、办公区均规划大堂，使得停车后无缝与三大平台功能区衔接。夹层结合具有虹吸效应的空间衔接商业街区，通过公共广场的开敞设计，提高平台底层的透光效果，同时，使得平台层空间更加富有趣味。

景观和立面设计

景观设计中，充分利用渗透的理念，不仅做到平面上的景观互补，同时做到立体层面上的景观互动。

立面设计中，充分考虑不同功能特质的建筑，赋予其个性的表皮，同时利用经济的材料，巧妙组合，达到效果与经济并重的平衡。商业街突出表达海洋风情。

丰县职业技术学校

苏绮韶

东南大学建筑设计研究院深圳分公司
深圳市东大国际工程设计有限公司

主创设计师：苏绮韶　刘瑞娟　陈嘉文

设计时间：2013～2014年

施工时间：在建

工程地点：徐州丰县

主要经济技术指标

用地面积：313240m²

总建筑面积：201297m²

地上建筑面积（计容积率）：193365m²

地下建筑面积（不计容积率）：7931m²

建筑容积率：0.62

建筑覆盖率：16%

绿化率：40%

停车位：519个

整体鸟瞰图

湖畔夜景效果图

一、工程概况

丰县职业技术学校位于徐州丰县东南区域，东临华张路，南侧与南环路相接，西隔沙支河，与九经路相接。校园由综合教学区、实训区、生活区、运动区和湖心综合服务区五个区域组成。可容纳全日制中职在校学生6500人。

二、实践创新

（一）绿色生态校园

在用地日趋紧张的大环境下，我们的规划设计采用集约用地的策略，最大限度提高土地利用率，这一策略不仅可以为未来的发展提供弹性空间，也是最大程度上保证了整个校园园区的绿色生态环境。规划采取"四节一环保"措施，营造良好的公共共享空间，有利于通风节能，降低能耗，进一步体现生态特点。

（二）山水园林校园

仁者乐山，智者乐水。整个校园规划围绕核心景观湖——"自由湖"为中心，营造校园最为重要的公共开放共享空间。提倡土方量生态概念，将挖湖的土方与景观设计一起考虑，提倡就地消化土方，将土堆成几座写意的山体置于校内的公共空间，其中一座最大的"山体"与信息中心、活动中心一起毗邻湖畔，寓意中国古代神话传说中的"一池三山"的文化意境，进一步与山水园林校园的理念相呼应。

（三）开放自由校园

开放与自由的学校氛围已经成为现代教育建筑的一个趋势。本案规划基于开放式校园规划理念，在校园与城市间建立互动关系：一方面校园向城市社会提供文体设施和成人教育以及社会培训等教育资源，形成资源分享区域。另外一方面整个规划中围绕中间"民主自由湖"为自由开放的核心，主要的公共空间学生活动中心和信息中心居于其中，各个学院学生在这里相遇、交汇，激发出巨大活力，刺激着自由和开放的血液，使得开放和自由这个理念进一步升华。

（四）结语

通过对中国园林山水画的概念的再整合与提取，将重要的公共建筑和核心花园结合起来形成了整个设计的中心区域。形态自由而错落有致。整个校园布局形态自由，掩映于山水之间。强调自然生态的氛围，注重交流公共空间的塑造，与水体共同构成了中国古典文学中提到的"一池三山"的意境。自然、生态、共享与交流的设计主导原则，创造出了"山水环校，生态人文"的具有古典山水园林气质的现代教育学院。这充满活力和想象力，统一和谐而又灵动个性化的新型校园必然能助推学生健康快乐地学习成长。

主要教学楼透视一   主要教学楼透视二

注册建筑师论坛
（一）如何充分发挥注册建筑师在建筑工程项目中的主导作用

主编的话 张一莉

"如何充分发挥注册建筑师在建筑工程项目中的主导作用"是住房和城乡建设部2015年重要的研究课题。

2015年5月25日，深圳市注册建筑师协会、广东省注册建筑师协会、香港建筑师学会，三地的注册建筑师代表聚集深圳，代表们从建筑工程招投体制、企业制度、企业资质和个人资质双轨制、工程保险、注册建筑师执业范围、注册建筑师诚信体系、自律机制、收费制度等问题进行深入的研讨，谈了具体看法和意见，并建议在深圳市前海区作为"注册建筑师在建筑工程项目中发挥主导作用"的实验区。

香港建筑师详细介绍了香港注册建筑师的作用及管理模式。

现将部分发言刊登。

质量终身负责制与注册建筑师新意识

艾志刚　深圳市注册建筑师协会 会长
　　　　深圳大学建筑与城市规划学院 教授

我国注册建筑师制度自1994年开始实施，经过二十多年的发展，一级注册建筑师总数接近三万名。二十年来，我国城乡建设量巨大，其中大部分建筑均出自注册建筑师之手，说明注册建筑师在我国城乡建设中发挥了巨大及不可替代的作用。

注册建筑师的管理按国家条例和住建部文件进行，如《中华人民共和国注册建筑师条例》（1995年），《中华人民共和国注册建筑师条例实施细则》（1996年初版，2008年修订版）。2014年住建部出台了建筑工程五方主体项目负责人终身负责制，即：建设、勘察、设计、施工、监理单位主体责任，项目负责人必须向企业补签质量承诺书。

设计质量终身负责制将给注册建筑师带来什么样的机遇和风险？如何在未来的执业生涯中担当大责任成就大事业？这是每一位注册建筑师都应该思考的问题，为此我们提出以下几个问题，希望引起广大注册建筑师重视。

1. 责任意识：建筑师的责任可以包括社会、环境、功能、经济、美学等方面，但终身负责制的核心是安全质量问题。一栋建筑的使用寿命长达50年，甚至100年，建筑师不论以后工作如何变动，是否退休，都将对建筑质量终身负责。建筑设计需要特别保证不能出现结构、消防等重大安全问题。

2. 法律意识：严格执行建筑法规、政府文件既是建筑工程质量的保障，也是对建筑师个人责任的保护。建筑师必须熟悉各类建筑规范以及各级政府相关规定。例如，注册建筑师条例确立了注册建筑师的法律地位，也明确规定了执业范围、权力、义务以及法律责任。此外，注意法规的时效性，建筑师们需要持续关注新政策，学习新规范。

3. 维权意识：作为终身质量负责人的建筑师必须争取适当的权力，如对建筑设计的主导权、对施工的指导权，对建筑材料的认定权，对使用全过程的知情权。没有这些权力，何谈负责？注册建筑师条例就规定，任何单位和个人修改注册建筑师的设计图纸，应当征得该注册建筑师同意。

4. 团队意识：当今的建筑设计不可能一人完成，需要团队作战。注册建筑师要具有高超的管理水平，处理好与结构、设备等工种的协作关系，发挥好建筑主导专业的作用。一个建筑师不可能什么都懂，在重要节点上，需要依靠专业顾问或团队的力量，弥补建筑师个人的不足。

5. 学习意识：当今社会高速发展，新观念、新技术、新材料不断涌现，如无线通信、大数据、绿色建筑、参数化、BIM等技术对建筑设计均有影响。注册建筑师需要不断学习，处处留心。

6. 风险意识：俗话说智者千虑必有一失。建筑大师贝聿铭当年设计波士顿汉考克大厦时就出现玻璃幕墙脱离问题，被业主告上法庭，差点毁了整个职业生涯。近年曾发生央视大楼失火、浙江在建高层住宅倒塌等重大建筑事故，如果当时实行责任负责制，注册建筑师可能难辞其咎。慎重采用新技术、新材料，新的防火、节能材料就屡屡出现安全问题；建筑师不可轻率表态，不能随便签字；此外，企业与个人应该及时购买设计责任保险，以防万一。以上几点对降低建筑设计风险极为重要。

有抱负的注册建筑师不会在重重困难与风险中退缩，但我们需要不断提升自己的能力，在保障设计安全的前提下，为国家建设作出更大的贡献。

"充分发挥注册建筑师在建筑工程项目中的主导作用"
——是机遇还是空谈？

陈竹　深圳市清华苑建筑设计有限公司

问题的提出：注册建筑师的"终身责任"与"主导地位"是不是说有就能有？

2014年，改革和发展成为建筑界贯穿全年的主题。国家颁布了一系列新政和措施，如5月颁布的《关于推进建筑业发展和改革的若干意见》，9月份颁布的《工程质量治理两年行动方案》，11月份颁布的新版《建筑业企业资质标准》等，都体现出国家在推进建筑业发展、促进全国工程质量治理，减政放权、规范市场等方面的改革魄力。

在2014年的新规中，有几项规定不仅涉及行业宏观层面，更直接涉及建筑业从业人员职责的微观层面。其中主要包括：2014年8月25日，住房城乡建设部印发《建筑工程五方责任主体项目负责人质量终身责任追究暂行办法》，其中明确了建设、勘察、设计、施工、监理五方单位的"项目负责人"对项目质量具有质量终身责任。在2015年3月住建部发布了《建设单位项目负责人质量安全责任八项规定（试行）》等四个规定的通知，对建设、勘察、设计、监理在建设项目中的责任及处罚措施进行了细化。同期住建部建筑市场监管司在《2015年工作要点》中明确提出，要"逐步确立建筑师在建筑工程中的核心地位，发挥建筑师对工程实施全过程的主导作用"。据住建部统计，截至2015年1月，全国新办理质量监督手续的工程共

15474项，其中已签署"法定代表人授权书"、"工程质量终身责任承诺书"的工程有13627项，覆盖率达88.06%。说明8月份关于"质量终身责任制"的规定已经通过行政审批的强制命令在全国普遍施行。

然而，即使项目负责人签订了"工程质量终身责任承诺书"，就能促进工程项目质量的显著提升？注册建筑师签了字，是否就表明他（她）能够在工程实施全过程的主导作用？就能够（以及应该）承担项目的终身法律责任？

不可回避的现实是，该规定自下发之日起，就在建筑设计行业内引发了很大争议。承担项目负责的注册建筑师还没有奢望争取"主导地位"，首先担忧在"没有主导地位"的现实条件下怎么承担"终身责任"的问题。新规的实施给现有的设计流程和管理人员带来普遍疑虑。

矛盾的症结：三重困境

一个以"提高工程项目质量管理，加强注册建筑师主导地位"为主旨的新规，对广大注册建筑师应该是能提高自身地位的"好事"，为什么在执行层面会引发普遍疑虑和担忧？究其原因，可以看到在现阶段迅速推行注册建筑师的"终身责任"，或是规定注册师的"主导地位"，都与当下的建筑业从业现状有显著的"矛盾"，可以概略以下三个方面：

1. 新规与现行上位法规存在分歧。

现行《中华人民共和国建筑法》中，对于建筑工程质量管理与相关法律责任的规定，都是以"建筑设计单位"为主体，并无提到"项目负责人"的个体责任。而在《中华人民共和国注册建筑师条例》中，也明确规定"因设计质量造成的经济损失，由建筑设计单位承担赔偿责任"。并且对于注册建筑师的违规责任也基本限定在注册师的执业资格上，追责力度显著小于新规规定。

2. 在"甲方主导"的市场下单纯要求建筑师占主导地位，与现有执业环境条件不符。

在目前建筑设计市场高度竞争的情况下，建设工程设计及建造的全过程基本由甲方（建设方）主导。在没有形成行业自律、诚信，以及设计企业良莠不齐的情况下，普遍的低价竞争（包括由政府主导项目的"零标底"招标等）迫使设计企业只能以有限服务、短周期快速生产求生存。现状存在的注册师的执业范围仅限于设计过程的现状，是与现有的设计收费低，设计周期短，以及甲方强势的行规相适应的。扩大建筑师责任范畴，而行业环境不能有效改善，建筑师的"主导作用"实现不了，反而只能加大建筑师的"被迫违法"压力，恶化执业环境。

3. 片面强调项目负责人的个体权力责任，与现有常规设计管理现状不符。

目前注册建筑师行使项目负责人的岗位责任主要来自两方面：管理上依赖企业管理授权和限制，设计上受各项技术规定限制；而其施行权力过程也依靠受雇企业的管理流程和专业协同共同完成，是依附于设计公司的有限权力和责任。因此，现状是项目负责人既没有超越甲方要求的主导权限，对内也没有包揽总体设计协调和施工实施的主导权限。个体更无力承担项目责任。片面强制要求项目负责人的"终身负责"，直接导致注册建筑师个体的权责与现有利益的不平衡。如果没有相应制度保障，也是恶化执业师从业的环境，增加法规管理与现实操作脱节、造假的可能。

机遇在哪里：更大的"责任"，是否能促进更大的"权"与"利"？

如果抛开现实困境不谈，仅问"注册建筑师是否应该在项目中起主导作用"这一问题，答案应该是肯定的。从长远和宏观层面来讲，强化注册建筑师在项目中的主导作用，除了能顺应"先进国际执业惯例"，促进项目管理"与国际接轨"的作用外，更有实际意义的，是能帮助摆脱目前设计行业发展的困局，重塑建筑师（及相关专业）在项目建设中的行业地位，从而达到最终提高项目质量的目的。目前这些困局包括：由于建筑师的权责在前期（策划评估）以及后期（施工管理）中缺位，导致前期往往由非专业或甲方自行决定，而后期协调性差的普遍问题。甲方主导建设报建流程的现状促进甲方在各个环节压缩设计方的专业选择，恶化低价竞争的环境。前后不接的执业范围和被压缩的权责进一步加剧建筑师以及关联专业的技术退化。在执业地位无法保障的情况下，行业技术和专业性的发挥也将面临越来越被压缩的"天花板"。而在责任事故面前，"实际决策"的建设方和"被迫执行"的设计方相互推责，责任界定无法明晰。

因此，住建部"充分发挥注册建筑师在建筑工程项目中的主导作用"对注册建筑师而言应该是一次难得的行业改革的机遇——只是这一美好的愿景是需要有一些"配套工程"才能"平安落地"的。试归纳以下主要机制建设方面：

1. 法规管理层面，明确保障注册建筑师在项目全过程"前期、设计、项目管理、施工监察"中的主导地位。

如果要学习市场经济下的"先进国际惯例"（如中国香港经验），首先要明确注册建筑师具有在项目全过程中的参与权与决策权——比如在报批和报建过程中确定由注册师签字为主的法定权力。其结果是使建筑师的职能范围向两端拓展，以建筑师的专业性来主导相关专业的服务。

2. 修订出台勘察、设计和施工专业分包、劳务分包等合同示范文本，完善合同管理，以及收费相关指导意见。全过程的设计流程需要全过程的合同收费细则来约定。

在没有形成行业诚信和强有力的行业协会作用的现实下，行政管理规范市场的合同以及收费基准，仍然是最有效的，也是避免设计行业作为一项创意产业走向如制造业经历的低价竞争——整体衰败的过程必不可少的环境保障。

3. 完善注册建筑师执业保险制度，提高个体法律承担能力。

要求专业人士购买职业责任保险已经成为国际上通行的市场化准入机制。在注册建筑师权责仍然很大程度受所雇单位限定的现状下，单位应该为注册建筑师购买个人保险，最终作为运营成本，在设计费中体现。

最后，与"主导地位"相适应的，还要提高注册师个人执业素质能力的问题。个人能力的提高主要靠不断学习和经验积累，这可以通过行业教育、资格考核以及人才竞争等因素来促进，相对机制环境的改革应算是容易达成的事。在"终身责任制"被实施的当下，还是希望相关"配套工程"能尽早跟上吧，否则"主导地位"之说难免成为空谈。

主导作用·话语权·责任体系

饶沃平　广东省注册建筑师协会秘书长

非常荣幸地被深圳注册建筑师协会邀请，参与粤港深三地"充分发挥注册建筑师在建筑工程中的主导作用"研讨会。

在此之前，根据省注册建筑师协会在选修课期间回收245份《问卷调查2》中的反馈信息，发现相对"费用与周期"，建筑师们的关注热点更多地聚焦在"终身责任与话语权"方面……

因此，本人尝试从两方面视角提出个人的观点：

主导作用与话语权宜对等

除特殊行业（如电力、化工、水利、港口等）等建设项目外，建筑师在建筑工程项目建设中的主导作用是明显的。基于知识结构扁平化/综合化的优势，有经验的注册建筑师可在土地利用规划或建筑概念方案相对稳定的阶段，就可大致把握项目建筑产品特征、须由哪类专业单位合作才能完成设计与施工，各设计组织的设计介入时间点/设计输入/设计输出及所需的时间周期，与业主设定的项目建设标准对应的大致费用估算等。如香港同行，在项目前期为雇主，除提供建筑设计方案技术咨询外，还可提供含上述咨询内容的项目实施策划方案，并可明确其在建设实施过程的"主导作用"。而香港相关的建筑法规、雇主与建筑师之间的合同条件（特别是通用部分），都在不同层面赋予建筑师认可人士把控建筑产品最终品质符合设计初衷的"必要话语权"。

然而，当下国内的建筑师(特别是项目负责人)，大都处于一种角色尴尬、被动与无奈的生存环境中。从收集的行业诉求反馈信息中，有部分建筑师就质疑：既然国家法律/法规《建筑工程五方责任主体项目负责人质量终身责任追究暂行办法》，明文规定建设工程设计的项目负责人承担的终身责任，就必须同时以法律/法规的形式，赋予"工程设计的项目负责人"对等的"权利"。也就是必要的"话语权"……

个体责任与风险规避保障体系

以设计单位推行多年的ISO质量管理体系/项目协同设计平台及近年BIM技术应用的条件，"设计方项目负责人"在单位内部对设计成果文件输出能符合国家相关技术法规要求的质量控制，及对设计团队内部的个体责任追溯，质量风险是可控的。但设计阶段的运作不可能"闭门造车"。在现实中，甲方的建设需求与相关设计输入条件不稳定、项目设计服务平行发包技术界面伴生的合同界面与过程界面混沌，往往是影响设计单位设计最终成果文件质量的根源。在施工采购与施工实施阶段，参与项目建设相关方明确与潜在的组织诉求，频频引发的"设计文件变更"，更为设计单位与项目负责人埋下了责任理不清的风险隐患。由于多年来设计企业的利润空间较小，在《建筑工程五方责任主体项目负责人质量终身责任追究暂行办法》暂未最终完善的当下，作为"项目负责人"的责任个体，已面临不可预测、不可控的风险。

值得庆幸的是，有部分城市与地区的相关行业，已启动"建筑工程项目全过程相关参与方的责任约定"的梳理工作。以我个人的理解，对相关方责任约定、责任界定、责任责罚，"项目负责人的责任风险规避体系"的建立，也需要一个稳定的"金字塔结构"来支撑。

金字塔的顶端，是"建筑市场运作规则的顶层设计"——期望国家启动对《建筑法》相关章节的修订。

金字塔的中部由两部分构成：

一方面是对现行已实施的法规进行完善与修订——对《建设工程质量管理条例》、《建筑工程五方责任主体项目负责人质量终身责任追究暂行办法》、《建设工程勘察设计管理条例》等法规，补充与设置原则性与指引性的章节与条款。并在对应实施细则（条文解释）中，明确规定对工程项目各参与方的权利与义务、明确规定工程各责任主体的禁止性行为/违规行为造成项目的工程质量安全、引发公共安全事故的责罚章节、条款与词语释义。

另一方面，可参考部分国家/地区的做法，以市场化的行为，推行为工程项目负责人（含建筑师）个人实行责任担保的有偿服务，设计单位为项目负责人（含建筑师）购买相应的"个人责任职业保险"。

金字塔的底部结构，个体责任风险规避体系构成更为细化，具备市场认可与可操作性：

首先，建议由各省级（含单列市）的行业协会，对应国家法规体系，设定《XX省/市项目设计负责人（注册建筑师）质量终身责任风险防范指引与行业守则》等行业规则，建立行业协会层面的风险规避体系（含地方性相关行业的合同通用条款的设定），以保障本行业项目负责人在项目前期就能参照《指引与行业守则》识别自身的责任、义务与常规性风险；此外，由政府或行业协会建立"工程项目利益相关方责任信息查询/可动态更新的数据库"（以法规的形式规定各参与方均有公开项目基本信息的义务）。当设计单位或项目负责人由于责任疏忽（责任群体与个体都将存在专业技术与管理盲区）引发的质量责任风险发生后，在面临行业仲裁或民事诉讼程序时，有一个专业的"说法"与"证据"。与此同时，通过法律行业的专业支撑，各省市场监管机构根据各自的"建筑市场运作"条件，建立并逐步完善"五方责任主体项目负责人质量终身责任追究"全过程机制——即在对违规责任主体进行责罚前，通过多方咨询听证/专业与法律评估/公平合理的仲裁程序后再进行责罚。而目前ISO质量管理文件体系、BIM技术、大数据平台条件日趋成熟条件，也有利于相关方责任轨迹的追溯。

其次，项目负责人如何保障设计阶段"工程设计成果文件"的整体质量？除对自身的设计团队切实地按ISO质量管理体系运行、运用BIM技术与项目协同设计平台保障设计输出文件质量之外，更为重要的是，能否在项目前期就通过技术评估与商务评估，与甲方事先约定：如甲方采用平行采购的方式，本单位与专项设计服务（幕墙、建筑智能、建筑室内、景观园林等）的设计内容与分工、技术界面、设计输入与输出等责任界面的相对明确？如何界定在施工图通过政府审查后，由于项目变更与施工变更导致设计变更而衍生的工程质量责任归属？这方面或许需要"上位法规"的明文规定。

再次，基于当下设计市场逐步趋向社会分工的精细化，大部分设计单位会根据自身建立的专业设计品牌与拥有的专业人才资源，承接不同类型的设计项目——如住宅地产项目、商业地产（含城市综合体）项目、总部办公与园区项目、公共建筑项目、社会养老项目等。设计单位如何应对不同的投资主体与建设模式的特性，编制对应的《XX项目设计负责人责任风险规避手册》、设计工作程序与设计信息管理数据库？而作为设计单位的"法人代表"，如何向项目负责人授予"统筹设计团队运作需要的话语权"？设计院内部对"项目组织"与"专业组织"（结构所）、（设备所）资源管理如何适应市场的需求？等等。梳理与个体责任关联的问题，或许是设计项目负责人"风险规避体系"得以落地的前提？

我个人认为，在目前工程建设市场现状下，讨论"注册建筑师在建筑工程中的主导作用"，仅仅是一种比较乐观的"行业愿景"。基于目前相关法规限制了建筑师的执业范围，大部分注册建筑师目前仍疲于应付于——付出智慧与辛劳的建筑方案如何中标、如何应对专业水平参差不齐甲方代表"朝令夕改"的指令、如何按设计/咨询合同的约定，如期如数地获得设计费，以什么理由向甲方或单位领导解释"设计文件成果文件"交付时间延误等因素掣肘的生存状态中，只有调整自己的心态，被动地适应市场的份儿；此外，建筑学教育知识结构亟待优化的客观存在，相对固化的教育导向继续影响我国的建筑设计界的主流意识；建筑设计界仍沉湎于创收的忙碌和作品的自我陶醉，忽视了建筑设计作为产业的发展趋势和制度建设的重要性……

"充分发挥注册建筑师在建筑工程中的主导作用"，任重而道远。

应出台《中国建筑师法》

张一莉　深圳市注册建筑师协会秘书长

从中国现代建筑发展的历史来看，建立《中国建筑师法》具有现实和历史意义。建筑设计直接关系人民生命财产的安全，建筑工程领域是金钱、物资高度集中，贪腐事件频频发生的领域。当今我国的建筑师义务多、权利少，工作中不敢得罪甲方，注册执业环境亟待改善。出台《中国建筑师法》，保证建筑师的权益，使建筑师的执业环境和执业手段更完善，促进行业和建筑创作事业的健康发展。

1998年由国务院颁布的《中华人民共和国注册建筑师条例》以及原建设部前后颁布的《实施细则》，仅是针对建筑师资格考试和注册而设的专项法规，不能满足监管建筑设计活动的需要。社会主义市场经济的现状以及中国现代建筑的发展历史都在强烈呼唤《中国建筑师法》的出台，以制度管权管事管人，推进国家治理体系和治理能力现代化，走向现代法治的社会。

"如何充分发挥注册建筑师在建筑工程项目中的主导作用"
——粤港深注册建筑师研讨会上的发言

赵嗣明　奥意建筑工程设计有限公司

长期以来，我们内地建筑师所从事的工作只是建筑师所应承担工作的一部分。建筑师在工程项目中未能起到主导作用。即使是原创方案的项目，在把握建筑材料（特别是外装材料）、建筑细部处理，内部装饰等很多方面都不是由建筑师能决定的，更不要说对整个项目建造过程，建造效果的把控。究其原因，我们建筑师能力的局限性，很多该做的事情建筑师没有做过。其实这种局限性并不是建筑师的过错。我们的现状是建筑师没有被赋予在建筑工程中的主导作用的职责。在设计公司与甲方的合约中，也往往不包含这部分的内容和费用。

要改变这种现状：政府有关管理部门在制定相关配套的规定和游戏规则时应做出与建筑师责任对等的相应的改变。

对于建筑师来说，如果真的赋予建筑师在建筑工程中的主导作用的职责，如何应对？相信具备这种能力的建筑师只是凤毛麟角。我们要在能力所及的方面做好准备。机会总是青睐有准备之人的。在建筑师的职业训练方面，建筑师培训的施教机构要加强这方面的执业培训。我们的建筑师特别是注册建筑师要通过各种机会不断学习、提高，掌握与注册建筑师职责对等所需的能力和技能，一旦有需要就能发挥出注册建筑师在建筑工程项目中的主导作用。

香港建筑师在建筑工程项目中的主导权力和责任

谭国治　香港建筑师学会内地事务部主席

一、前言

　　香港的社会信奉自由经济，一切讲求效率，以促进经济发展为原则。法律体制，在维护社会公平、公正外，亦确保社会及经济能健康、有序，在良性竞争的环境中进步和发展。而建筑工程的法规亦按这个大方向，尽量用简单、直接和易于执行的理念去立法，于是便有了"认可人士"的法律要求"认可"的建筑师对其工程全程负责。

　　另一方面，香港房地产发展商累积了多年经验，亦发展出一套高效、便于他们管理的顾问服务模式，就是要建筑师提供"一条龙"完整专业服务，对整个工程项目全程负责，即是要求建筑师提供完整服务，从概念设计、规划、方案、深化设计、施工图设计、招投标、施工管理，一直到竣工验收和交付使用，这就成了香港的惯例。

二、香港建筑师在建筑项目中的工作和职责

　　香港建筑师按国际惯常做法，通常为整个建筑项目的设计及工程管理总负责人，并沿用国际惯用的"设计、项目管理、施工监察"一条龙服务，由建筑设计团队提供一条龙完整专业服务，以确保其项目的质量能达到最初设计期望意图的效果。

　　根据香港建筑师学会的《业主与建筑师就服务范围及收费的协议》，一般服务分6个阶段，详情如下。

　　（一）启动阶段：根据业主初步要求、投资预算、卖地规划条款，估计项目可行的发展模式，协助业主研究和制定项目的规模及经济技术指标、协助聘请工料测量师及其他顾问，确定设计任务内容和范围。

　　（二）规划及可行性研究：按确定的项目规模和经济技术指标、投资预算，进行规划设计，并详细研究所有相关法律法规对项目规划设计的可行性有无影响；如有需要，便进行规划设计修改及申请调整经济技术指标。协调工料测量师提供项目估算，建议项目时间表，协助业主聘请设计顾问，建议施工招标计划。

　　（三）方案设计：协调及统筹所有顾问，提交方案设计和工程概算。

　　（四）深化设计：协调及统筹所有顾问，提供深化设计，代表业主申请所有政府部门审批。

　　（五）施工图及招标阶段：代表业主获取所有相关部门的批核，协调及统筹所有顾问完成施工图、技术要求及招标文件。代表业主进行招标、审标，提供审标报告及建议中标单位。

　　（六）施工阶段：按业主定标指示，安排中标施工单位开工，并展开施工合同管理工作，定期到工地巡查直至完工，进行竣工验收，安排业主接收使用。跟进保修期内的缺陷整改工作直至保修期完结，协助完成决算及审核竣工图。

　　一条龙完整专业服务做法即是由设计单位负责管理施工、审查施工质量及处理施工遇到的问题，实行建筑师负责制。理念是设计单位最清楚设计本身的重点，对工程遇到的问题应怎样解决和取舍最有发言权。在施工过程中，可就建设单位由于资金或工期的压力，适时合理地安排工作进度及调整设计，以适应市场和其他实际环境的变化。全程服务的建筑师在不断需要变更的情况下，仍能按实际施工环境，法律与设计合同的两方面的要求，直接监察施工单位，对工程项目的质量保障有着关键性的影响，并能够更有效地落实设计要求及保持最初的设计意图。（详细的讨论，可参考香港建筑师学会之《中国内地建设工程监理与香港建筑师于建筑工程管理工作的异同》）。

三、香港建筑师的权力和地位

回顾香港过往超过60年实施有关建筑工程条例的经验，在注册建筑师制度之上，再加"认可人士"的法律制度。法律列明每一项目，必须由一名，而且只是一名"认可人士"（一般是注册建筑师）全程跟踪，全程负责，所有必须及关键的事情，不论是否由他直接设计，他都需要负责并必须在有关文件上签字，及提交有关法定文件给政府部门及业主存档记录，以确保所有关键事宜都是符合法规、符合设计技术要求。此等法律要求，等于把政府监管建筑工程全过程的权力，通过法律，委托给"认可注册建筑师"了。

因有了法律赋予的权力，政府机关和发展商于每一建筑工程项目，必须聘请"认可注册建筑师"全程参与及主导整个建筑工程项目。按此，建筑师在工程项目上又有了聘用合同赋予的管理领导地位，这制度最终确保了建筑师对整个项目有了法律及合同赋予的掌控权。

四、香港建筑师于工程项目中的责任

建筑师的权力是来自法律和合同条款。因此，建筑师执行该权力时，同时须承担法律和合同责任，受法律和合同条款监管其行为。法律责任，是终身负责，合同责任是按合同条款承担。

另外，香港建筑师的专业行为亦受建筑师学会守则和建筑师注册管理条例监管，如建筑师被发现在提供专业服务、履行责任时有违专业守则或操守，建筑师学会与建筑师注册管理局可按有关规则，予以处罚，严重的可以取消其建筑师学会会员及注册建筑师资格。

"充分发挥注册建筑师在建筑工程项目中的主导作用"研讨会

谭天放　香港建筑师

前言

做人既然要顶天立地，作为建筑师的天职，一定要保证我们的建筑物能够屹立于天地之间而不倒。

建筑物的功能，除了必须保障人民避免风吹雨打之外，亦要兼顾防范大自然灾害（包括地震、海啸、水淹、泥石流、干旱，等等）。除了能够迎合功能上不断变化的基本要求外，建筑物在于文化及艺术之语言表达，更为重要的，就是成为文明盛世之见证。

按照马克思之理论，建筑物本身，就是累积了劳动人民的血汗所堆砌出来的，不该无故或借故拆除，反而是需要不断地经过有序的保养及护理，去延续其高度服务人群的功能才是硬道理。

建筑物自身价值，在于其对不断满足人民无穷变化的需求，务使不同的跨时空使用者能安全使用，令其长期地去符合经济效益之适应力，此乃建筑物本身生命，及生命力之所在。

碍于人类以往未能实时发挥"自我更新"的功能，令建筑物本身缺乏"前瞻性"，甚至充满"滞后性"，此两大特点，是导致楼宇本身失去历久服务之本质，导致面临拆除之命运。

为能够成功避免类似厄运，建筑界之领导者极宜及早与时俱进，避免其功能逐渐残缺而废掉，杜绝建筑物生命力之提早完结。

中国开放改革之路经历了30年，建筑法规方面亦需要与时俱进，多年以来人才的培育包括建筑师等专业人士，以数量为主。但时至今日，建筑师等专业人才应该以素质的培育为重。针对这方面，要培育年轻人以天地为使命的道德观为基本操守，务必成为主导的要素，同时亦应在社会及经济允许下，给予合理的回馈酬劳。

此行业内人士，包括建筑师、工程师、监理师、承包商、分包商、物业管理者，尤其是政府各主管部门及干部，务必要学懂"抽身"去为人类文明负责任，为防止僵在"死胡同"里继续徘徊，或在现有的漩涡里挣扎，相关人士务必要"抽身"去面对道德的挑战，楼宇生命力的延续。

再者，在建筑物的全生命周期过程中，必须培育更多相关专业人才，无论是新房子，还是老房子，都需要有多方面足够的人才去支持及延续楼宇的生命周期。

同时，建筑师的专业责任及服务领域，不宜再局限于设计方面，而理应扩展至各相关领域，作为"领头羊"的功能，特别是包括全生命周期的护理功能。

香港建筑师学会，经历了60年的国际视野及风雨，绝对可以，并可靠地提供配合国家改革建筑业的意愿，与国际同行业接轨，成为"一带一路"走出去的先锋。

开放改革30年后的今天，面对"一带一路"的挑战，必须有道德地对外发挥我国的影响力，能够提供令国家引以为傲的建筑建设服务，有创新面貌中国特色的建筑产品及建筑物，才能够在国际平台发光发亮，为世界人民提供上佳的专业服务。

经已踏入21世纪15年，现今的需求更要讲究可持续发展，而其蕴藏的文化艺术语言，及其基本功能，务必要跨世纪、跨地域，为人类及万物的生命力迸发出灿烂光辉。

"如何充分发挥注册建筑师在建筑工程项目中的主导作用"
——粤港深注册建筑师研讨会上的发言

孙慧玲　筑博设计股份有限公司

2014年8月25日，住建部颁布了《建筑工程五方责任主体项目负责人质量终身责任追究暂行办法》，在建筑设计行业内引发了一系列思考：注册建筑师应负哪些具体责任？哪个部门来评估和量定责任？怎样处罚？诸如此类问题，造成了在第一线工作的注册建筑师们困惑和不安。回顾以往，对于自己的注册执业工作中有一些感想，权当是抛砖引玉。

注册建筑师的角色

注册建筑师粗略可以分为在两大领域里工作，一是建筑管理（政府相关部门、房地产公司）和建筑设计（各设计机构）；二是建筑理论研究和教育（建筑科研机构、教育部门）。无论这些注册建筑师在哪个部门工作，他们都为建筑行业付出了努力，并扮演着极其重要的角色。30多年的建设量，造就了成千上万优秀的建筑师，这足以使我们骄傲和自豪。

建筑师执业的尴尬

然而现实中，注册建筑师的作用还是微不足道的。

首先，注册建筑师为投资者服务并对其负责，投资的多少决定建造的工艺、技术、材料的运用，投资者的个人喜好，常常束缚了建筑师的设计思想。现在的开发商，经过多年的发展，都已形成了自己的专业技术队伍，有的还有设计队伍，为了保证速度和管控质量，许多建筑设计都形成了模块化、标准化的设计模式，这样使建筑师越来越像附庸者。

其次，注册建筑师受雇于单位，在项目分配中，往往是被动地接受。市场也把建筑师分为两类：一是方案设计；二是施工图设计。方案设计者为主创建筑师，施工图设计者则担任专业负责人和项目经理，他们分别承担项目的前期和中后期，这就造成了注册建筑师无法将一个设计项目由始至终完成。另外，还有许多项目是由境外建筑师做方案，国内建筑师做施工图，等等这些现状，使注册建筑师常常没有独立和全过程执业的可能。

再次，市场的竞争，残酷到惨烈，项目最后落实也不是交到最合适的建筑师手里。土地的国有化，使得中国的建筑师见不到真正的业主，其大多设计自然也就不到位了。

现实的发展，造就了中国注册建筑师，执业过程却尴尬了注册建筑师，在尴尬中求生存，知道我们尴尬产生的原因，也许将来就不那么尴尬了。回到今天的主题：充分发挥注册建筑师在建筑工程项目中的主导作用，提出几点个人建议：

1. 注册建筑师协会，既是国家法律的执行者，更是注册建筑师的"娘家"、"工会"。因此要制订出更加有效、细致的执行规范，有章可循。

2. 帮助注册建筑师在设计合同中增加相关的法律条款，不能成就任何以单方利益为主的设计合同。

3. 建立整体的执业体系。因为任何项目，都不是建筑一个专业成就的，还需其他相关专业共同完成，加强与其他行业协会的沟通和联系，才能共同完成"工程项目的主导作用"这一使命。

"如何充分发挥注册建筑师在建筑工程项目中的主导作用"
——粤港深注册建筑师研讨会上的发言

韦真　深圳市东大国际工程设计有限公司

住建部近期针对工程质量的五方责任制的规定，明显体现出项目负责人（注册建筑师）必须在工程项目中起到主导作用，今天的议题是如何发挥主导作用，而首先引起大家关注的焦点，是质量责任主体从设计企业直接变为项目负责人后，实际执行中凸显出的诸多问题。在现行建设、设计、施工、监理等各方运营和职责模式下，注册建筑师要真正能履行承诺，还亟须各层次的法规的相应配套、责权利关系的调整。前面各位老总提得非常切实，我觉得有必要整理形成正式的建议甚至提案，通过协会这个平台渠道，发出建设性的声音，以尽快推进这些政策的细化、责任权利关系的理顺，以使注册建筑师在工程项目中真正起到主导作用。

香港同行的体制很完善，注册建筑师的责权利很大也很统一，内地差距很大。香港建筑师学会内地事务部谭国治主席指出这次政策的推行，是内地行业模式提升的很好的机遇，正像中外建工程设计与顾问有限公司的赵星总经理说的，这也是个好事，会对行业内部的质量管理有推进，我觉得行业面对这样的新形势，首先可推动的有几点：

一、真正实行设计全过程的项目经理负责制。目前大部分设计企业中方案与施工图的缺乏互相负责的、割裂的分工模式，使得项目负责人很难做到对项目质量的全面把控。方案主创要么不具备注册建筑师资格而无须承担质量承诺，要么具备资格但对施工图缺乏控制经验，公司运营上也舍不得配置方案主创跟踪至全过程；反之，施工图背景的注册建筑师，由于无法掌控方案，难免被动地局限在满足不违规的层面上控制质量，而一些大的质量问题往往根源就在方案上。这种新的政策下，将逼迫每一个项目负责人（注册建筑师）必须成为一个能全过程控制设计的、全面的建筑师。

二、真正全面的建筑师，除了设计全过程具备控制能力，还需对项目建设整个流程、施工的全过程具备质量控制能力和经验，这种能力也是我们行业长期存在的短板。这种新的政策下，也将逼迫每一个项目负责人必须成为一个具备这种能力的建筑师。

三、新的政策要求下，可能还将对建筑学专业教学内容，对注册建筑师考试内容、注册建筑师知识结构的更新等带来变革的推力。我认为行业应该积极地去迎接这种改变。

"如何充分发挥注册建筑师在建筑工程项目中的主导作用"
——粤港深注册建筑师研讨会上的发言

曾繁　梁黄顾建筑设计（深圳）有限公司

一、关于"组织管理"

建设工程项目五方责任制的试行，对于推动整个行业与国际接轨，完善设计市场管理，提高建筑设计质量，非常重要！此外，由于外部环境及配套法律文件还不完善，设计公司的内部管理差别又较大，单方面要求项目负责人对所签署的项目（包括合同、计划、人员，以及客户意见评审等方面）实施完全的组织管理，设计公司与个人均存在着很多需要调适的地方。

如果一个设计企业主管经营的部门漠视责任，满脑子仅有"承包"的念头，公司在执行ISO9001质量管理体系方面形式多于内容，项目负责人的压力就会更大。在这种情况下，注册建筑师仍然坚持"组织管理"无疑是自我孤立。因此，在为注册建筑师提供咨询服务，以及向政府建言方面，有很多具体工作需要注册建筑师协会去做。

二、关于创新

北大教授周其仁最近有一篇文章评"创新的国度"以色列，称在以色列没有看到什么创新，跟全世界其他地方差不多，甚至更朴素。周还提出了一个"创新的浓度"问题，认为创新活动往往发生在如"硅谷"这样人才集中的地方。

借着这个观点，我们也可以设想，社会还存在着不同层面的创新。标准化审美是经过历史文化浓缩的、经过更多人实践的、更高程度的创新。

计成著《营造法式》是标准化审美，"屋高一丈，出檐三尺"是标准化审美，西方建筑古典柱式构图原则是标准化审美，柯布西耶关于新建筑的五原则是标准化审美。现代主义学派提倡"新材料、新功能、新形式、新结构、新工艺"，提倡"空间是创作的灵魂"，提倡"形式追随功能"、"少就是多"等。这些都是标准化审美，也是创新。雅典卫城的伊瑞克先神庙、柯布西耶的粗野风格建筑和朗香教堂、日本的代代木体育馆、贝聿铭的香山饭店、阿尔瓦·阿尔托的乡土特色建筑等，是在这种标准化审美的基础上，结合当地历史文化的二次创新，体现了现代主义的蓬勃生命力。

工业化4.0也是二次创新，其核心仍然是现代主义的工业化。

工业化4.0是指：利用信息物体系统将生产中的供应、制造、销售信息数据化，智能化，最后达到快速、有效、个人化的产品供应。简单地说，就是用信息化手段分析和发现细分市场，用工业化的方式批量和精细化生产，并添加细分市场的"佐料"。

标准化审美、工业化、现代主义是经过历史浓缩的、更高程度的创新！

三、关于"新型建筑工业化"

新型建筑工业化是一场设计与工业相结合的技术革命，是市场、技术和管理再次融合的创新，其最终目标是实现：建筑设计标准化，构配件生产工厂化，施工装配机械化，组织管理科学化。因此，在新型建筑工业化的进程中，注册建筑师依然要担当起核心作用。随着时间的推移，更多的注册建筑师和设计企业将会关注设计与施工一体化，全过程设计中的规划、景观、装修，以及前期和后期的相关环节，以城市设计的视野引导建筑设计。还有绿色建筑技术、BIM的应用、各类技术工法的优化和创新等。

注册建筑师论坛
（二）从百家争鸣到"深派"建筑的打造

刘毅　协会名誉会长　深圳汇宇建筑工程设计有限公司董事长

借着深圳市注册建筑师协会主编的书刊《注册建筑师》的出版，谈些打造建筑学"深圳学派"的一些浅见。观点定会有所谬误和偏颇，望予指正。

经过三十多年的改革开放，中国快速地发展和崛起。中国人民为实现中华民族伟大复兴的中国梦，正致力于中国特色社会主义实践。中国由于经济的发展，现已成为了世界第二大经济体，也成为世界经济发展和人类文明进步的重要动力。

现今，文化和经济日益交融，文化创意成为经济价值创造的重要环节，文化形态的无形资产也成为市场竞争的关键力量。坚持中国特色社会主义文化发展道路的"文化自觉"和展现建设社会文化强国的"文化自信"已牢固地植根于我国经济社会发展之中。

改革开放以来，中国城乡建设事业随着城市化高潮的到来，也高速迅猛地发展。在现今全球化时代，城市已越来越成为国家文化战略的重要支撑点和基本载体。国家之间综合国力和软实力竞争，是通过城市竞争来实现的。经济的腾飞，为中国文化的崛起提供了经济基础，营造了以社会主义核心价值体系为根本的文化氛围，推动了中国特色社会主义文化的发展和繁荣。中国的建筑师在城市化发展和建设中，付出了无限的智慧和辛勤的劳动，独立地完成数以千万计的住宅、工厂和公共建筑的设计工作。现今，在华夏的土地上，繁荣城市日益增多，广厦楼宇遍地挺立，家园环境和谐相存，生态建设持续发展。同样，中国建筑师也有一个实现国家富强、民族复兴、人民幸福的中国梦。在确切理解中国特色社会主义的价值观的同时，也会在建筑文化领域进行实践和总结，为推进中国特色社会主义的建筑文化作出贡献。回首"雄关漫道真如铁"的过去，审视"人间正道是沧桑"的现在，瞻望"长风破浪会有时"的未来。中国建筑师定会以"文化自觉"、"文化自信"和"文化自强"的心态和最大努力，促进建筑文化迅速地发展和流动。

我国的建筑设计经过了几代建筑师不懈的努力，在改革开放与国际文化交流中取得了巨大成绩，形成了世界上最大的建筑市场，也造就了国际建筑师风云聚会的大舞台。中外建筑师在这个舞台上作了精彩的演出，中国建筑师显示了新的精神面貌、文化素质和设计实力。进入21世纪之后，中国建筑师以"北京宪章"所提出建筑设计理念和原则进行设计和实践，带动了建筑产业科学、和谐和可持续发展，推动了生态城市、绿色建筑的成长和壮大。中国巨大广阔的设计市场，吸引西方的建筑师们纷沓而至。境外的建筑师和中国建筑师在这个市场交往中，既"合作"又"竞争"，既"亮技"又"交手"。在相互竞争的过程中，我国建筑师确实感到在某些设计环节上确实和外人有所差距，认识到必须向外人学习先进的技术、方法、理念和市场经营的策略。同时，也有部分中国建筑师特别是年轻的建筑师被西方建筑师所设计的"怪、异、奇、特"建筑的"形体"所迷惑，以至因这些审美变异的建筑的"存在"和"示范"，颠覆了自己原有设计理念，建筑"创新"的概念而被误解、错位和置换。对这些建筑审美变异建筑，世人褒贬不一，颇有非议。

深圳，地区国际化的城市。也被称作是，中国经济最活跃、最发达的城市，科技产业强大的自主创新的城市，崇尚平等包容精神的现代移民城市和勇于改革创新的先锋城市。深圳的城市建设是汇全世界建筑发展之经验，集中国各地建筑师之智慧，以日新月异的崭新面貌、欣欣向荣的发展景象和一日千里的磅礴气势，呈现在全世界人民面前。深圳建筑设计市场经历了三十多年改革发展和动态式的运作，已逐渐成熟和完备，虽然也受到了境外建筑师挑战和冲击，但影响不显著，深圳市的建筑设计市场仍然平稳、正常发展和繁荣。

深圳市已建成的建筑，其建筑形象和设计理念，都有鲜明特色：（1）城市规划合理，基础设施齐全、交通便利、生态景色优美。（2）建筑类型繁多、功能齐全、空间多变、形象新颖。（3）建筑师和设计单位来自于全国各省市各大设计院和著名院校，其设计作品的特色，虽多是源于"现代主义建筑"的作品，但又各自带有不同程度的地域性特色。（4）深圳从建市之初，即有全国各地建筑师涌入承担设计工作，他们提前适应了设计市场运作机制。设计单位和个人"品牌"意识较强。（5）设计市场虽有境外建筑师参与，深圳市的建筑师能够从容应对，心态平稳且有包容精神。大型和标志性建筑的设计任务，并未被境外建筑师所垄断，可以说是90％以上的建筑是深圳本土建筑师设计完成的。即便是20世纪80年代深圳早期建筑设计作品，象国贸大厦、电子大厦、深圳科学馆、深圳图书馆、深圳体育馆、深圳金融中心大厦、深圳国际金融大厦、深圳发展中心大厦、深圳贝岭居大厦、深圳格兰云天酒店、南海酒店、深房广场、深圳大学校区、滨海住宅小区等，较之同一时期东亚、欧美的建筑，其艺术性毫不逊色。（6）建筑设计具有科技创新性，深圳市的建筑创新没有集中在"新、奇、怪、特"的建筑外部形体上，而是多方位、多层次地体现在功能、技术、设备、美观等各个层面。深圳全力推广绿色建筑，新建的建筑必须严格地执行市政府关于绿色建筑的技术标准、规定。现深圳已建成绿色建筑的数量和面积均居全国之首。（7）建筑创新能力强。通过30多年的实践，深圳建筑的技术水平和创新能力逐日提高和进步，做到了"精读国际百家书论，融会贯通化成果；细研外人多种技法，捕捉神韵创风格"。深圳建筑，充分体现了深圳建筑师们的文化自觉和文化自信，深圳建筑师有能力有信心融合外来建筑文化，把中国特色社会主义思想体系中的原质文化和自然文化进行开拓、突破和升华。2013年3月香港建筑师学会组织举办了"海峡两岸和香港、澳门建筑设计大奖赛"。获得提名的

建筑有300余项，经由香港学会聘请的欧美建筑界的知名学者、建筑师、教授严格评审，共有44项工程获奖，近85％奖项为中国大陆建筑师获得。在设计市场打拼多年的深圳市建筑师在44个奖项中也获得13个奖项，占奖项总数的30％。这项赛事显示了中国建筑师设计能力的现状，充分体现了深圳建筑师们的设计水平、能力和"文化自信"。（8）明晰了推行建筑技术美学的"现代主义建筑"在深圳的存在，全球化的"现代建筑"运动还在继续。明确了"现代建筑"和"现代主义建筑"在概念和实质上的区别。"现代建筑"是指一个时间段内所有的建筑活动，时间是大约从19世纪中叶到现今的整个阶段。"现代主义建筑"则是建筑风格特指术语。其兴起在20世纪20年代的德国、苏联、荷兰等地，代表人物就是被称之为现代建筑第一代设计大师的沃尔特·格罗皮乌斯、密斯·凡·德·罗、勒·柯布席耶、弗兰克·劳埃德赖特等人。第二次世界大战后，其中有些人转移到美国从业和发展，又衍生出"国际主义建筑风格"。60年代之后，"现代建筑"走向多元化，在不同时间段内陆续出现了几种企图挑战"现代主义建筑"的建筑流派。即：历史主义倾向、乡土主义倾向、追求高技术倾向、解构主义、后现代主义和有机组合倾向等。到了20世纪末和21世纪初，个别建筑流派反倒是"淡化"和衰退，而现代主义建筑却又风行起来。现今，体型简洁、美学概念为现代建筑技术美学的"方盒子建筑"仍到处继续"开花结果"。现代建筑出现了文化领域内的"否定之否定"现象和过程。另外，深圳也建有少量的中国传统建筑和近期大量推行的绿色建筑，审视深圳市建筑发展的历程和现况，深圳仍是"现代主义建筑"和各种建筑流派和中国传统建筑并存的局面。综观深圳的现代建筑，在材料、技术、结构、理念具有一定共性的基础上，呈现出了各自鲜明的个性。应该说深圳建筑的形象和理念不是千篇一律、千座一面，而是千姿百

态、群芳争艳、百花齐放和百家争鸣。正像法国建筑师德尼·岗明所说："深圳像现代建筑展览馆"。这一评论，更加明确和佐证了深圳现代建筑文化的现代性、多样性和流动性。（9）深圳建筑如此之多、如此之美，从无到有、从少到多，深圳建筑文化的发展如此之快、如此之鲜明，不禁使人要问原因是什么？文化特色从何而来？这些文化理论问题的答案，就是深圳学者、原市委常委宣传部长王京生所提出文化论点："文化是流动的"所至。王京生同志"文化是流动的"这一提法，文化部科技司司长于平称之为"文化流动性宣言"。它宣示了两个基本定理：其一，只有流动的文化才是最有生命力的文化；其二，文化流动的过程就是文化创造的过程。王京生同志"文化流动性宣言"，就是文化创造性宣言。"历史文化贫瘠"并不意味着永远是"文化沙漠"，"文化积淀的厚重"也不意味着永远不会成为"文化废墟"。深圳的文化实践和"十大观念"的提出，为这个价值判断提供了可贵的样本和佐证。"文化流动性"是时代的感召，也是现实的担当。"文化流动性宣言"是"深圳学派"和"深派建筑"的文化理论基础。

深圳提出构建"深圳学派"之论，是经过一段历程的。深圳原是个边陲小镇，经过了一段经济、文化发展的历程，已经变为了和北京、上海、广州齐并肩的大都市。20世纪90年代还有人说深圳缺少"文化积淀"、"深圳只有高楼，没有文化"、"深圳是文化沙漠"等论调。意思是说，深圳要想成为"文化之市"，要想创建具有"文化自觉"、"文化自信"的城市是有困难的。现在，深圳文化发展的事实告诉我们："文化的积淀"并不是促进深圳文化发展的唯一因素，而"文化流动"才是深圳文化发展的动力，是文化发展的主因。深圳快速发展反映了时代精神，"十大观念"就是时代精神在深圳的具体体现。正是基于这种文化上的"自知之明"，大家未能忘记深圳学术文化的短板，大家曾经筚路蓝缕、栉风沐雨、上下求索、左右探源，把深圳文化建设的任务摆在战略地位。历史经验表明，凡工商繁荣之地，就是文化昌明之都；凡平等包容之地，必是学术发展之良田；凡科技发达之地，必

是思想植根之沃土。深圳人始终秉承卓尔不群、敢闯敢试的争鸣传统，定会逐步培养出富于创新精神的学术群体。正因如此，我们走在中国特色社会主义建设的大道上，充满着"文化自觉"、"文化自信"。

深圳的"文化自信"，集中体现在建设"深圳学派"问题上。19年前也就是1996年深圳是"文化沙漠"之声仍在议论时，有识之士就提出了建设"深圳学派"的文化理想和文化需求。经过十多年建设历程，深圳学派的建设才形成了深圳市的文化共鸣，并开始从概念变成了市委、市政府的决策。2010年4月市委、市政府就出台了《关于全面提升深圳文化软实力的实施意见》，提出了"深圳学派"的建设问题，2012年2月在深圳市委市政府召开文化强市会议上，又进一步重申了这个问题，并提出了以"全球视野、民族主场、时代精神、深圳表达"为宗旨，积极打造和创建"深圳学派"。当前"深圳学派"建设，正进一步地从理想、吁求变为现实。

建筑是物质，也是艺术，具有双重特性。开展建筑设计，也可称之为进行建筑艺术创作。建筑学是通过材料的组合与连接，创造出宜居环境的过程和结果的系统化的总结，是建筑物设计和建造的艺术与科学。推动深圳建筑学学科"深圳学派"建设，是深圳增强文化创造活力，建设"创新文化"的重要举措，也是提高建筑师知识水平和业务能力的重要活动。

"建筑设计理念"、"设计体系和方法"、"具有创新意识和能力的设计单位和建筑师"，三者则是建筑学科"深圳学派"创建的主要因素和内容。

"建筑设计理念"。理念可以说是建筑师理论体系最重要的核心内容。建筑师理论体系的内容是：体系的核心问题，即在相对贫乏的资源条件下，建设高度发展的文明；广义建筑学概念与实践；中国建筑师或本土建筑师的环境观、美学观；建筑设计的基本原理和建筑可持续观念；生态建设和绿色建筑；城市文化和科技创新；深圳建筑应具有的特色和建筑师的共识意见；学派成员在共识的基础上提出的共同认可、独有特色的学术主张。

"设计"体系和方法。这个问题，应从两个层面来认

识：一是从物质层次来说，大家可以共同认可的工作体系是建筑设计基本流程、设计文件的深度、常用的技术规范和标准等。二是从艺术创作方法来论述，那就会直面建筑艺术问题。在建筑学领域讨论美学问题是最难的一件事情，建筑的环境、空间、形式和色彩，都会涉及美的本质、美的存在、美感和形式美的问题。建筑形式美规律，即是各个历史时期的建筑风格及形式处理所遵循的某些共同准则。西方的建筑尽管在不同历史阶段，某些建筑形式和"风格"有所变化，但"建筑形式美的规律"却变化不大，直到20世纪初，才有人提出质疑和挑战。建筑的审美观念和建筑形式美规律发生了两次重大的转折，这就是，第一次从古典建筑形式美学到现代建筑技术美学，第二次从现代建筑技术美学到现代西方建筑的审美的变异。正是因为如此，在全球化的各个城市，人们才会看到现代建筑审美变异观念所形成的"奇、特、怪"的建筑。也正是因为遵循不同"建筑形式美的规律"进行建筑设计，建筑学学科才产生了各种学派和流派。

"具有创新意识和能力的设计单位和建筑师"。这是学术团队问题。学术团队也可称为学术共同体。在建筑学领域就是各设计单位和建筑师。深圳市建筑学术共同体相当强大，人数众多。现有182家设计单位，有国家一级建筑师1400人，二级注册建筑师300人，在各个"亚共同体"中，尚有4000余人。现有国家命名的建筑设计大师两人，具有大师水平而无正式头衔"民誉"的20世纪80年代、90年代及21世纪的三代"准大师"约有近百人。

深圳市建筑学团队具有先天的人才优势，足可和北京、上海、广州等市比肩。

深圳市建筑学术团队（学术共同体）具有下列特色：（1）学术共同体能发挥成员功能作用，给成员以归属感，使成员感到其在学术圈子内的存在价值。（2）学术共同体成员通过《注册建筑师》、《世界建筑导报》、《建筑设计技术细则与措施》、《深圳勘察设计25年建筑设计篇》等等技术书籍和各种期刊、报刊和学术论坛、技术报告会等，向外界输出、介绍了自己的设计理念、学术主场和实践成果。已显示了科技创新的强势风格，展现

了共同体以文化先锋性为底蕴的深圳气势。（3）本市学者和众多的建筑师，已成为构建深圳学派的终极主体。（4）强化了建筑设计的原创作品的品格，加强了学术共同体的内部交流，也发挥了学术"亚共同体"的作用。（5）"亚共同体"在各单位组织学习、认真工作，不存在"亚共同体"没有或缺少的现象，各设计单位和个人，时时刻刻地在讨论建筑设计中的各种问题。（6）各设计单位（共同体）内部有近200个学术交流平台，各设计单位还有交流平台的学术管理者。（7）深圳市注册建筑师协会已成为学术活动的组织者和最高的管理者，为建设深圳学派（深派建筑）亚共同体（学术圈子）经常举办建筑文化交流活动，为学术圈子学术观点和成就作出了重要的贡献。

关于建筑学领域的学派问题，改革开放之前，业内就有"京派"、"海派"、"广派"之议，但并未提出学术的理论和扬名立万有特色"独家之言"。进入21世纪之后，2008年，在中国建筑学会建筑师分会编辑的《中国建筑设计三十年》一书"建筑设计作品概述"栏目中，提出了和以前稍有不同的"京派建筑"、"西部建筑"、"海派建筑"和"岭南派建筑"之论。某些建筑师还把深圳纳入"海派"或"岭南派"，把深圳建筑照片纳入海派作品中刊登，还有的学者提出"深圳应该走岭南文化特色的建筑之路"。

19年前，深圳学者就有建设"深圳学派"之论，经过多年奋斗，"深圳学派"已经从理想逐步走向现实。作为具有5000人规模最大的学术共同体所提出的"建筑学科的深圳学派"（简称为"深派建筑"）的文化吁求，定会早日实现。

深圳建设科技创新的文化之城目标早已确定，"深派建筑"的建筑实践也有自己的特色成就。并且"深派建筑"的"文化自信"、"文化自强"深度和广度也不同于海派、京派，更不同于岭南派和西部派，我们就应该大声地宣布："我们就是深派"。

愿"深派建筑"是"中原新气象，上国大文章"。望"深派建筑"为深圳生态建设和创建国际化城市增光添色。

王晓东 | 钢笔手绘画

（国家一级注册建筑师）

林彬海 | 钢笔手绘画

（国家一级注册建筑师）

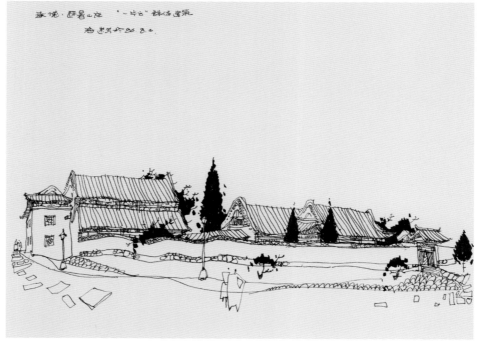

承德避暑山庄

北大未名湖畔小景

唐志华 | 钢笔手绘画

（国家一级注册建筑师）

赤水河边

欧洲古堡

四方街客栈

赵嗣明 | 摄影作品

（国家一级注册建筑师）

水城威尼斯

无题

《注册建筑师》编委风采

艾志刚　编委会主任

单位名称　深圳市注册建筑师协会 会长
及任职务：中国建筑学会建筑师分会 理事
　　　　　深圳大学建筑与城市规划学院 教授
执业资格：国家一级注册建筑师

刘　毅　编委会主任

单位名称　深圳市注册建筑师协会 名誉会长
及任职务：深圳市汇宇建筑设计有限公司 董事长
职　　称：高级建筑师
执业资格：国家一级注册建筑师

张一莉　主编

单位名称　深圳市注册建筑师协会 常务副会长兼秘书长
及任职务：中国建筑学会建筑师分会 理事
　　　　　深圳市建筑设计研究总院有限公司
　　　　　副总建筑师
职　　称：高级建筑师
执业资格：国家一级注册建筑师

陈邦贤　副主编

单位名称　深圳市注册建筑师协会 常务副会长
及任职务：深圳市建筑设计研究总院有限公司 副总建筑师
　　　　　深圳市建筑设计研究总院有限公司第二设计院 院长
职　　称：教授级高级建筑师　享受深圳市政府津贴
执业资格：国家一级注册建筑师

赵嗣明　副主编

单位名称　深圳市注册建筑师协会 常务副会长
及任职务：奥意建筑工程设计有限公司 顾问总建筑师
职　　称：教授级高级建筑师
执业资格：国家一级注册建筑师

罗韶坚 编委

单位名称 深圳市注册建筑师协会 常务理事
及任职务：深圳市建筑设计研究总院有限公司第一分公司
　　　　　总建筑师
职　　称：高级建筑师
执业资格：国家一级注册建筑师

陈泽斌 编委

单位名称 奥意建筑工程设计有限公司
及任职务：副总建筑师
职　　称：高级建筑师
执业资格：国家一级注册建筑师

陈　竹 编委

单位名称 深圳市注册建筑师协会 副会长
及任职务：深圳市清华苑建筑设计有限公司 副总建筑师
职　　称：高级建筑师
执业资格：国家一级注册建筑师

刘　晨 编委

单位名称 深圳中深建筑设计有限公司
及任职务：副总建筑师
职　　称：高级建筑师

黄　河 编委

单位名称 北京市建筑设计研究院深圳院
及任职务：副院长 副总建筑师
职　　称：高级建筑师
执业资格：国家一级注册建筑师

聂光惠 编委

单位名称 何设计建筑设计事务所（深圳）有限公司
及任职务：设计总监
职　　称：工程师
执业资格：国家一级注册建筑师

图书在版编目（CIP）数据

注册建筑师04 / 张一莉主编. — 北京：中国建筑
工业出版社, 2015.8
　ISBN 978-7-112-18322-7

　Ⅰ. ①注… Ⅱ. ①张… Ⅲ. ①建筑设计–作品集–中
国–现代②建筑师–介绍–中国–现代 Ⅳ. ①TU206
②K826.16

　中国版本图书馆CIP数据核字(2015)第172995号

责任编辑：费海玲　张幼平
责任校对：张　颖　姜小莲

注册建筑师　04

深圳市注册建筑师协会

主　编　张一莉
副主编　赵嗣明　陈邦贤
*
中国建筑工业出版社出版、发行（北京西郊百万庄）
各地新华书店、建筑书店经销
晋兴抒和文化传播有限公司制版
恒美印务（广州）有限公司
*
开本：880×1230毫米　1/16　印张：9¹⁄₂　字数：252千字
2015年8月第一版　2015年8月第一次印刷
定价：95.00元
ISBN 978-7-112-18322-7
　　　　（27527）